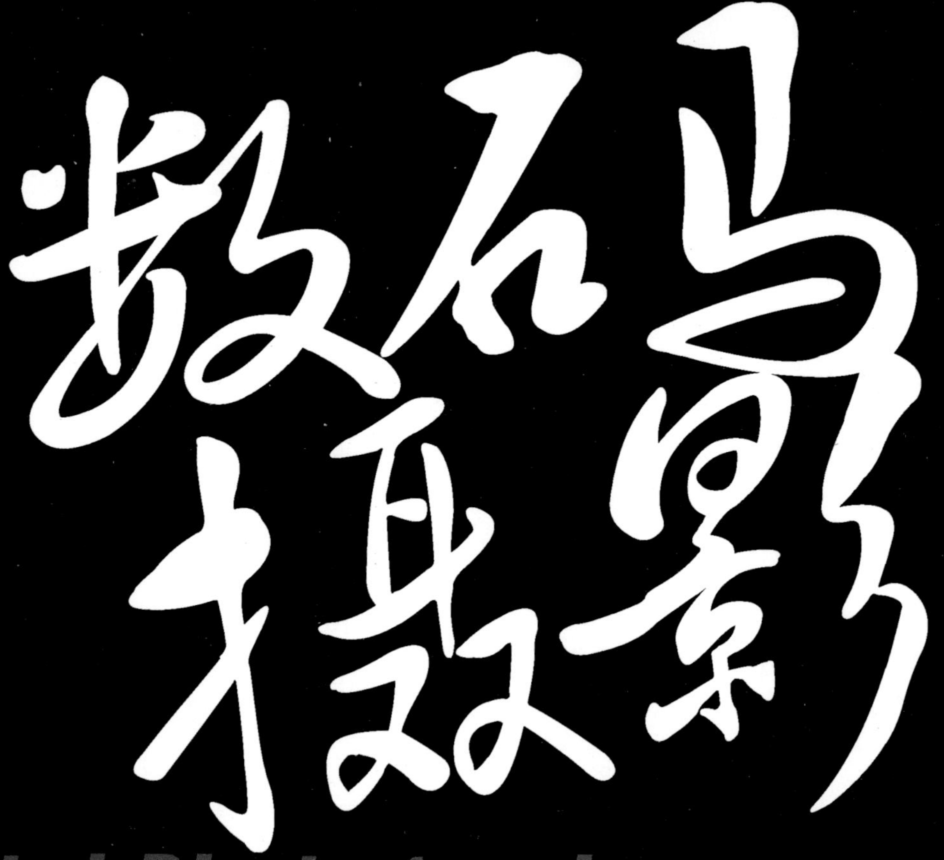

Digital Photography

完全自学手册

Fashion 摄影工作室 编著

兵器工业出版社
北京科海电子出版社
www.khp.com.cn

内 容 简 介

记录感动自己的每个瞬间，是促使我们孜孜不倦地捕捉影像的原动力。毋庸置疑，摄影的门槛是真实存在的，按下快门后能否得到会说话的照片，这其中包含了相当多的专业修养，不只是买个好相机就能解决的问题。除了不断练习外，你还需要一本如本书这样精心设计的自学手册，陪伴你、引导你、提高你。

本书以递进的方式介绍了数码相机的选择与使用、数码摄影的原理与技巧、数码相片的后期处理等内容，环环相扣，建立了一个快速而全面的学习蓝图。书中首先用最容易理解的语言介绍了数码相机的各项功能参数、组成结构和相关配件；解析了构图、用光等摄影技巧；精心总结了最有实践意义的人物、生态主题、风光旅游、静物和暗光摄影等多种场景模式的上百种拍摄技法，并以图片结合具体拍摄参数、辅以点评文字的方式示范了各种拍摄模式的效果和差异；最后介绍了数码相片的实用后期处理知识。

更为增值的是，为了帮助读者掌握并提高数码照片后期处理的能力，随书多媒体光盘还提供了以人物精修、风景精修和常用照片处理为主题的教学视频。

本书是数码摄影入门者必备的学习手册，也适合有基础的摄影爱好者随身参考。

图书在版编目（CIP）数据

数码摄影完全自学手册 / Fashion摄影工作室编著.
北京：兵器工业出版社；北京科海电子出版社，2009.2
ISBN 978-7-80248-318-7

Ⅰ. 数… Ⅱ.F… Ⅲ.数字照相机—摄影技术—手册
Ⅳ.TB86-62

中国版本图书馆CIP数据核字（2009）第009755号

出版发行：兵器工业出版社　北京科海电子出版社

社址邮编：100089 北京市海淀区车道沟10号

100085 北京市海淀区上地七街国际创业园2号楼14层

www.khp.com.cn

电　　话：（010）82896442 62630320

经　　销：各地新华书店

印　　刷：北京市雅彩印刷有限责任公司

版　　次：2009年4月第1版第1次印刷

封面设计：Fashion Digital 梵绅数字

责任编辑：常小虹 杨 倩 程 琪

责任校对：周 勤

印　　数：1–4000

开　　本：787×1092 1/16

印　　张：13

字　　数：316千字

定　　价：49.80元（含1CD价格）

前 言 Preface

不论是什么主体，当它进入你的取景框，随着你手中相机快门按下的那一瞬间，它就成为了你的作品：无关新旧美丑、价值几何、抽象写意、时间距离……无论它曾经有过什么历史、发生过什么故事，重要的是它永远定格在画面里，归你所有、任你解释。这是摄影最诡异和最具吸引力的地方：一张照片具不具备价值，完全由人的行为来决定。

所以，摄影绝对不是一件简单的事情。为了能在关键时刻以最敏锐的感觉、用相机上最适合的挡位捕捉到最具决定性的瞬间，需要你在平时积累许多专业知识。而有经验的老师正如下班高峰期的出租车，永远不会在你最需要的时候出现在你身旁；选一本精心设计的摄影书，这才是实际的做法。

本书绝对不是一本大而全的书，但绝对是一本非常适合数码摄影入门者的快速入门手册，根据初学者最常见的两大问题：基本概念的不清晰与相机使用的错误观念，找出症结对症下药。在理顺每一个环节并建立正确的概念后，再通过几个重要的板块、上百个实战模式学习拍摄技法，在这一过程中读者能够完成完整的摄影基础教育，逐步提升数码摄影的技术水平，最终具备能力去捕捉到你真实渴望的影像。

本书以递进的方式介绍了数码相机的选择与使用、数码摄影的原理与技巧、数码相片的后期处理等内容，环环相扣，建立了一个快速而全面的学习蓝图，让你按图索骥。本书没有晦涩的语言，也没有难懂的概念，只有一张张精美的照片让你在欣赏的同时学会拍摄的技巧。全书分为如下4大部分。

第1部分介绍数码摄影的基础知识。首先告诉你如何选购数码相机及其配件，毕竟好的器材是拍出好照片的先决条件。然后简明扼要地介绍数码相机的拍摄操作方法，学会这一部分内容后基本的拍摄能力就具备了。

第2部分重点介绍如何更好地利用手中的相机进行拍摄。这部分的知识是通过不同的图片和文

字说明来示范拍摄技巧，让你领略相机的各项参数设置、构图取景用光的不同方法是如何改善你的拍摄效果的。

第3部分相当富有实用意义和趣味性，介绍如何针对不同的场景和主题进行实际拍摄。大致分为人物、生态、风光、静物和暗光五类，每一类又分为若干特定条件。通过不同模式下的拍摄效果对比，辅以具体的参数设置和点评文字，帮助读者掌握更多的实际拍摄经验与方法。

第4部分是介绍如何对有瑕疵的照片进行简单而实用的图像处理，重点介绍了“光影魔术手”软件的功能与用法。

相对照片的拍摄，后期处理也是一门庞大的知识体系。受篇幅限制，本书并没有过多介绍数码照片后期处理的技法，这部分内容放在随书的多媒体光盘里，具体形式为以人物精修、风景精修和常用照片处理为主题的教学视频，非常超值。

希望通过本书的学习，读者能对数码摄影有个全面的了解，并能提高自己的拍摄技巧。如果读者在使用本书的时候遇到问题，可以通过电子邮件与我们取得联系。邮箱地址是：kh-reader@163.com，我们将通过邮件为你答疑释惑。此外，读者也可加本书的摄影讨论群7825245与众多的摄影师和模特进行讨论。由于作者水平有限，书中难免存在疏漏之处，请广大读者批评指正。

编著者

2009年2月

光盘使用说明 About the DVD

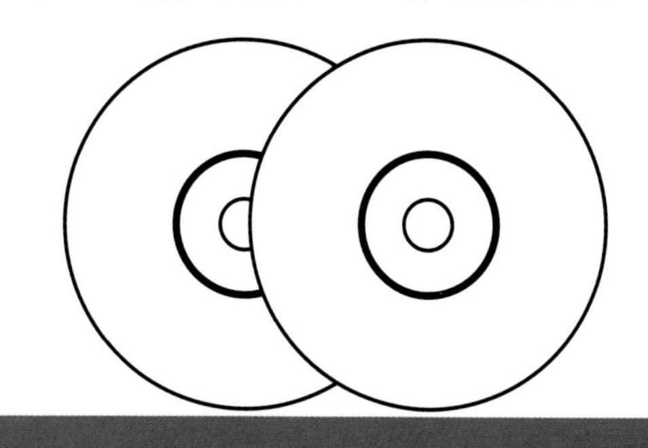

多媒体教学光盘的内容

本书配套的多媒体教学光盘为1张CD，收录4大领域35个照片处理技法的多媒体视频教程，语音讲解配合操作演示，学习效果立竿见影，迅速把你的数码照片效果提升到一个新的高度。

基础篇：熟练Photoshop软件操作，掌握数码照片基本处理方法。

应用篇：灵活运用Photoshop高级功能，实战多种照片的常用技法。

人物篇：针对人像处理的精修教程，素颜到惊艳的大变身。

风影篇：针对风景处理的精修教程，职业高手的秘技心得。

图1

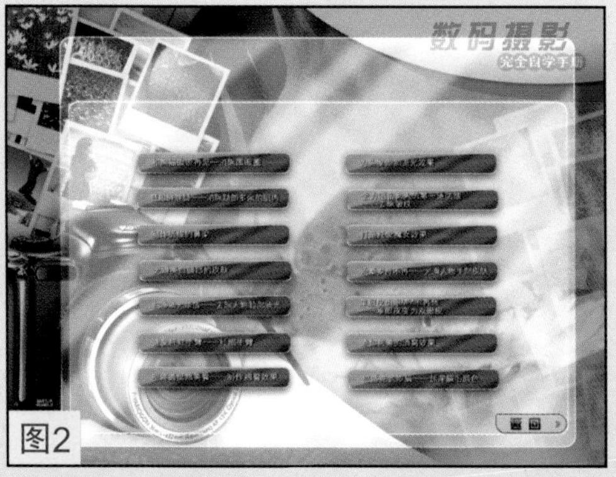

图2

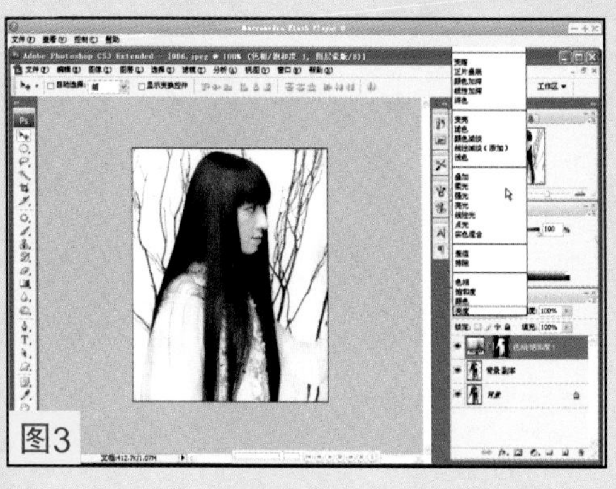

图3

光盘使用方法

1. 将光盘放入光驱后会自动运行多媒体程序，并进入光盘的主界面。如果光盘没有自动运行，只需在“我的电脑”中双击CD光驱的盘符进入光盘，然后双击AutoRun.exe文件即可。如图1所示为光盘自动运行后出现的主界面画面。

2. 光盘的主界面为“视频教程浏览区”（见图1的图注），单击以实例归属领域命名的按钮，即可进入对应的下一级子菜单，如图2所示。

3. 在光盘的主界面中还包括“帮助引导区”（见图1的图注），内有帮助文字指导用户使用本光盘。

视频教程浏览区

这部分内容是我们为读者精心录制的35个实例的具体操作步骤演示录像，带全程语音讲解。界面中的按钮均以实例名称命名，并以目录的形式排列。单击按钮，将弹出相应的视频教程，如图3所示。

帮助引导区

单击“光盘说明”按钮，可以查看使用光盘的设备要求。

单击“退出”按钮，将退出多媒体教学系统，并显示光盘的制作人员姓名。

仿制图章工具和橡皮擦工具

制作电子相册

修复破旧老照片

抠出飞扬的人物头发

通过“曲线”和“色阶”命令调整数码照片的色调和影调

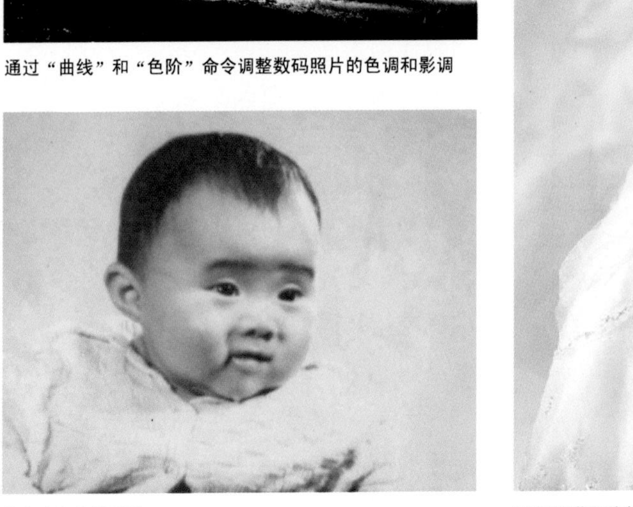

修复有污渍的照片

运用通道抠除复杂的婚纱图像

制作油画图像效果

运用磁性套索工具调整背景

运用背景橡皮擦工具为人物更换背景

运用裁剪调整倾斜的照片

制作有裂纹的人物图像

制作电影胶片图像效果

运用仿制图章工具去除照片上的日期

制作黑白画面特殊效果

制作GIF动画人物

运用液化滤镜将眼睛增大和为人物瘦脸

光滑美白腿部的皮肤

塑浑圆挺翘美臀——制作翘臀效果

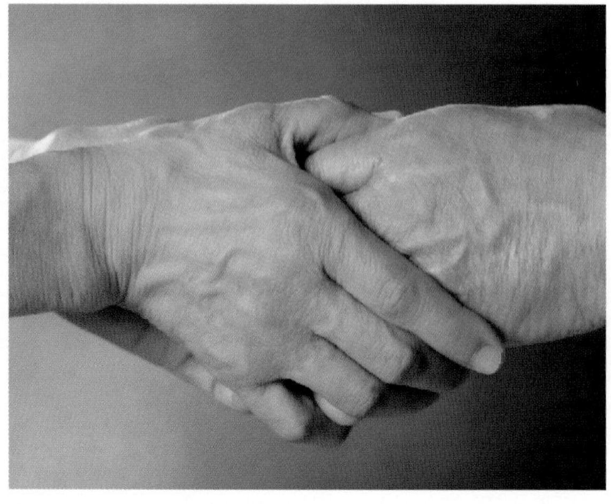

沧桑岁月不再——光滑人物手部皮肤

和熊猫眼说再见——消除黑眼圈

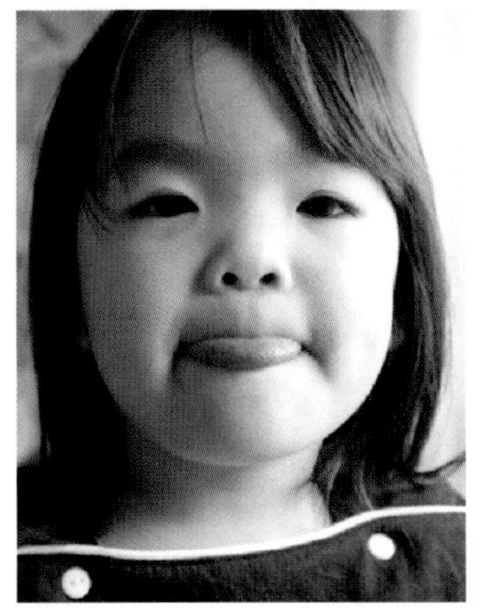

单眼皮小眼MM不再愁——单眼皮变为双眼皮

制作挺拔的鼻梁

全力阻击女人的第一道防线——去除皱纹

为头发添加流光效果

速变纤纤手臂——纤细手臂

狂甩胖胖腿——消除腿部多余的肌肉

打造红发魔女效果

添加甜美的酒窝效果

扫净油光烦恼——去除人物脸部油光

巴洛克式浓眉——加深眉毛颜色

泸沽湖 亮海 日出——加强日出的光影效果

泸沽湖 亮海 天空——为平凡照片添加梦幻色调

西昌 邛海——制作火烧云效果

甘孜 色达风景区——制作高饱和色调效果

Contents 目录

第3章 深入使用数码相机 ··········41

第4章 数码相片的拍摄技术 ······63

Contents 目录

Contents 目录

1 数码相机知识及配件选购

随着时代的发展，数码相机渐渐地进入了千家万户，成为人们生活中不可缺少的数码产品之一。从诞生到现在，短短十几年的工夫，数码相机在技术上有了很大的进步，功能越来越强大，应用的领域也越来越广泛。

这一章将主要介绍数码相机的诞生、消费级数码相机和专业数码单反相机的区别，以及在选购数码相机时需要注意的问题。

1.1 让我们来更加深入地了解数码相机

现在很多人都拥有数码相机，但了解数码相机的人并不多。了解数码相机的发展史、品牌和性能，可以帮助你更好地选购适合自己的数码相机。

1.1.1 数码相机的发展史

照相机自1839年法国“达盖尔式照相机”问世算起，至今已有160多年的历史。照相机从黑白到彩色，从纯光学、机械结构演进到光学、机械、电子结构，从传统银盐影像胶片发展到以数字技术支持的半导体光电转换存储器件为记录媒体（存储卡、光盘、磁盘等），随着科技的发展，数码相机已被人们所广泛使用。

由达盖尔发明的第一台照相机

1990年，柯达推出了DCS100电子相机，首次在世界上确立了数码相机的一般模式，之后柯达公司将DCS100应用在当时名气颇大的尼康F3机身上，内部功能除了对焦屏和卷片马达做了较大改动，所有功能均与F3一般无二，并且兼容大多数尼康镜头，右图为当时的DCS100相机。

1991年，柯达研制成功世界上第一台数码相机，东芝公司发售40万像素的MC-200数码相机，售价170万日元，这便是第一台市场出售的数码相机。

到了1994年，数码影像技术已经以一日千里的速度获得了空前发展。柯达公司则是数码相机研发和推广的先驱。

柯达DCS100相机

在这一年，柯达推出了全球第一款商用数码相机DC40。相比之前各大公司研发的各类数码相机试制品，柯达DC40能够以较小的体积、较为便捷的操作，以及较为合理的售价被一部分消费者接受，成为数码相机历史上一个非常重要的标志，右图所示为Kodak DC40相机。

柯达DC40相机

1996年，佳能、奥林巴斯纷纷推出了自行研发的数码相机，随后，富士、柯尼卡、美能达、尼康、理光、康太克斯、索尼、东芝、JVC、三洋等近20家公司也先后加入到数码相机研发和生产的行列中。因此，这一年成为了数码相机历史上非常重要的一年。

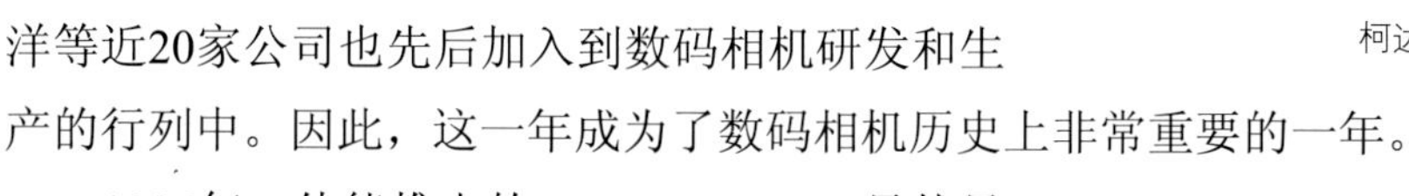

1996年，佳能推出的PowerShot 600虽然只有50万像素，但采用定焦镜头，而且外形厚实，成为当时的时尚机型，受到众多消费者的喜爱，当年就创下非常不错的销售业绩，右图所示为佳能PowerShot 600。

佳能PowerShot 600相机

1996年，成为数码相机历史一个上非常重要的里程碑。从此，数码相机进入了以数量级发展的新时代。

此后，数码相机的发展可以说是突飞猛进。1995年，世界上数码相机的像素只有41万；到1996年几乎翻了一倍，达到81万像素，且数码相机的出货量达到50万台；1997年又提高到100万像素，数码相机出货量突破100万台。数码相机全面进入了消费者的视线，成为人们生活中流行时尚的代言品之一。

1998年，富士胶片公司推出首款百万级（150万像素）NEPIX700型数码相机；佳能与柯达公司合作开发了首款装有LCD监视器的数码单反相机EOSD2000和EOSD6000型，如下图所示。

EOSD2000型数码单反相机

EOSD6000型数码单反相机

1999年是轻便型数字相机跨入200万像素之年。世界各大照相机厂商、感光材料厂商、计算机外部设备厂商和影像设备厂商，都在数字照相机的研制上投以重金，以抢占数字照相机技术开发的制高点。

2000年10月，奥林巴斯推出了总像素数为400万像素的CAMEDIA E-10型4倍光学变焦普及型数码相机，创造了2000年的纪录，右图所示为奥林巴斯CAMEDIAE-10型数码相机。

奥林巴斯CAMEDIAE-10型数码相机

之后，数码相机不断地发展，各厂家将相机与计算机相结合，实现数字图像输入输出的功能。不少IT厂商也开始介入数码相机的生产。各大公司纷纷推出高像素、低价格的普及型数码相机，如现在市场上各类品牌的卡片机、单反相机等，数码相机越来越贴近人们的生活。

1.1.2 常见的数码相机类型

目前市场上的数码相机种类繁多，根据数码相机的用途，可以简单地把它们归类为：卡片相机、长焦相机和数码单反相机。

1. 卡片相机

卡片相机在业界并没有明确的概念，仅指那些外形小巧、机身相对较轻，以及超薄时尚设计的数码相机。目前市场上常见的卡片机类型有索尼T系列、奥林巴斯AZ1和卡西欧Z系列等。

卡片数码相机比较轻巧，便于拍摄者随身携带；在一些正式场合中，人们可以轻松地将其放进西服口袋里，而不会使外衣变形；在其他场合中，可随意地放在牛仔裤口袋或者挂在脖子上，因此方便携带与使用是其最大的特点。右图所示为索尼T系列卡片机。

索尼T系列卡片机

虽然卡片机功能并不强大，但通常仍具备最基本的曝光补偿、点测光模式等功能，可以方便用户完成一些简单摄影的创作。

如果用户在拍摄时对画面的曝光进行有效的控制，再配合色彩、清晰度、对比度等设置，同样可以使用这款小机器拍摄出很多漂亮的照片。

卡片机和其他相机的区别

优　点	缺　点
时尚的外观	手动功能相对薄弱
大屏幕液晶屏	超大的液晶显示屏耗电量较大
小巧纤薄的机身	镜头性能较差
操作便捷	

2. 长焦相机

长焦相机指的是具有较大光学变焦倍数的机型，而光学变焦倍数越大，能拍摄的景物就越远。常见的代表机型有美能达Z系列、松下FX系列、富士S系列、柯达DX系列等。

长焦数码相机的主要特点和望远镜的原理差不多，通过镜头内部镜片的移动而改变焦距。当需要拍摄远处的景物时，长焦的好处就发挥出来了，拍摄者只需要调节镜头焦距，即可清晰地拍摄远处物体。另外，焦距越长，则景深越浅，浅景深的好处在于突出主体而虚化背景，使照片拍出来更加专业。

富士S8000长焦相机

如今数码相机的光学变焦倍数大多在3～18倍之间，即可把10m以外的物体拉近至3～5m；也有一些数码相机拥有10倍的光学变焦效果。右图所示为富士S8000长焦相机。

对于拥有10倍光学变焦镜头的这些超大变焦数码相机，虽然能方便用户将远处的物体拉近拍摄，但在整体上仍存在某些缺陷，给用户带来一些不便，列举长焦相机的缺点如下。

缺　点	说　明
长焦端对焦较慢	卡片或长焦数码相机的自动对焦技术并不完善，对焦速度也较慢。在使用长焦端自动对焦时，这一缺陷将更加明显
手持易抖动	在使用高倍光学变焦进行拍摄时，需要保证拍摄时的快门速度高于焦距的倒数（即安全快门速度）才能拍摄出清晰的画面，否则照片将因为相机的抖动而变得模糊
画面质量不完善	超大变焦数码相机的画面质量仍无法与数码单反相机相媲美
重量与体积较大	由于是长焦镜头，因此相机镜头口径、体积都相应增大，重量也相应地增加，携带起来较为不方便

3. 数码单反相机

数码单反相机的全称是数码单镜头反光相机（Digital Single Lens Reflex），缩写为DSLR。单反就是指单镜头反光（Single Lens Reflex），在这种系统中，反光镜和棱镜的独到设计使得摄影者可以从取景器中直接观察到通过镜头的影像。在单镜头反光照相机的构造图中可以看到，光线透过镜头到达反光镜后，折射到上面的对焦屏并结成影像。透过接目镜和五棱镜，我们可以在观景窗中看到外面的景物。数码单反相机就是指使用单镜头取景方式对景物进行拍摄的一种数码照相机，它通过安装在相机前端的镜头所提供的视觉角度大小进行拍摄。目前市面上常见的数码单反相机品牌有尼康、佳能、奥林巴斯、宾得、富士等。

数码单反相机都定位于数码相机中的高端产品，因此在关系数码相机摄影质量的感光元件（CCD或CMOS）的面积上，单反数码的面积远远大于普通数码相机，这使得数码单反相机的每个像素点的感光面积也远远大于普通数码相机，因此每个像素点也就能表现出更加细致的亮度和色彩范围，使数码单反相机的摄影质量明显高于普通数码相机，右图所示为尼康单反D90数码相机。

尼康单反D90数码相机

数码单反相机的主要特点：

- 数码单反相机的一个很大的特点就是可以交换不同规格的镜头，这是单反相机天生的优点，是普通数码相机无法比拟的。
- 单反相机的取景器称为TTL（Through The Lens）单反取景器。这是专业相机上必备的取景方式，也是真正没有误差、通过镜头的光学取景器。
- 数码单反相机是完全透过镜头对焦拍摄的，取景器中所看到的影像和胶片上永远一样，其取景范围和实际拍摄范围基本上一致，有利于直观地取景构图。

1.1.3　常见的数码相机品牌

由于数码产品的推广，数码相机的制造商也越来越多，一个好的品牌能带来更大的市场效应。就目前市场中的数码相机产品来看，常见的品牌包括佳能、尼康、索尼、柯达、富士、松下，它们的技术开发能力雄厚，有较全的产品线、较高的知名度和市场占有率，其中某些品牌在数码单反相机方面亦有很强实力。当然，市场上的数码相机品牌远远不止这些，本节就简单介绍以下五个品牌。

1. 佳能

佳能在传统相机领域和数码相机领域都处在前列，其产品线非常丰富、齐全，是目前数码相机行业公认的品牌之一，拥有雄厚的技术实力和市场运作能力，其数码产品的市场占有率一直处于领先地位。佳能拥有顶级的光学技术以及核心部件CMOS感光器的生产能力，其软件消噪技术独步天下，因此具有很高的成像质量。其成像特点是色彩还原真实，噪点少，但风格偏软。

佳能拥有多个系列，如迷你的IXUS系列、家用的A系列、准专业的G系列、专业的EOS数码单反系列，每个系列都被广大消费者接受并喜爱。下图所示依次为IXUS系列、A系列、G系列、EOS数码单反系列。

佳能IXUS系列

超薄时尚，适合年轻人

佳能A系列

适合打算认真学习摄影技术的新手

佳能G系列

适合专业摄影师和有较高摄影基础的用户

佳能EOS数码单反系列

适合专业摄影师和有较高摄影基础的用户

2. 尼康

尼康拥有悠久的光学历史，以专业素质著称，成像以锐度高闻名，是数码单反领域的老大。尼康近年来把主要精力用于数码单反机的开发，其数码单反相机D系列占有近30%的市场份额，而且性价比略高于佳能，深受专业摄影师的青睐。但其核心部件CCD感光器却掌握在其他厂商手中，而且目前尚无全画幅机型。消费级相机主要类型有：高端准专业机Coolpix系列、时尚轻薄卡片机S系列、低端家用型L系列、中端普通数码相机P系列与数码单反D系列，如下图所示。

尼康的优缺点都相当明显，其DC在同类产品中往往是画面最好、锐度最高的，微距也颇为强悍，但是电池寿命短、操作繁琐、反应偏慢是尼康绝大多数DC的通病。

尼康S系列

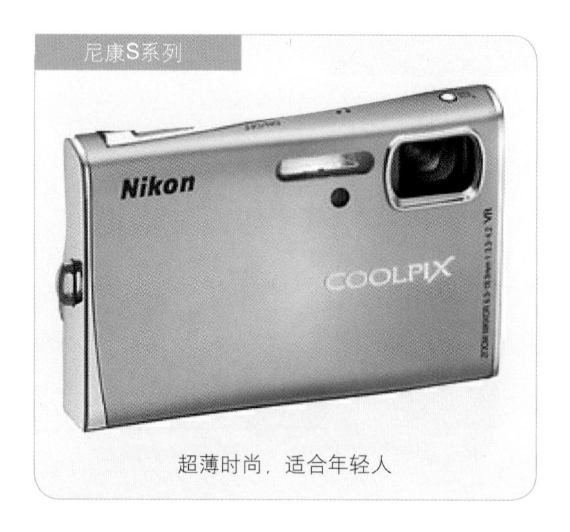

超薄时尚，适合年轻人

尼康L系列

时尚家用系列，性价比较高

尼康P系列

中端机系列，属于消费类数码相机

尼康数码单反D系列

适合专业摄影师或专业摄影用户

3. 奥林巴斯

奥林巴斯的色彩与饱和度在所有品牌相机中是最低的，不过奥林巴斯的白平衡一向是最令人放心的。奥林巴斯的准专业DC，在画面、功能、速度、电池等性能方面都处于中上水平，但是在消费级的时尚DC方面，则比不上其他品牌。

右图是奥林巴斯E-3相机，奥林巴斯可换镜头式数码单反相机系统采用的是数码新标准“4/3系统”规格，以“创造最高画质的数码影像”为主旨。

全新标准设计开发的系统具备可互换专用镜头的功能。同时E-3拥有能够提供100%视野和1.15放大倍率、亮度更高、观察更舒适、尺寸也更大的光学取景器。同样重要的是，E-3良好的制造工艺使它可经受不间断专业摄影的苛刻考验。机身由轻巧、高强

奥林巴斯E-3相机

度的镁合金材料制成，通过密封结构提供防尘和防水滴的特性；E-3还采用了功能强大的除尘系统以有效地清除进入相机的灰尘，而经久耐用的快门也经过了150000次的释放测试检验。

4. 索尼

索尼的数码相机跟它的其他电子产品一样，走的是时尚路线，极为重视外观，造型十分时尚。但是索尼的致命弱点是光学基础薄弱，没有自己的镜头，其大部分机型均采用德国卡尔·蔡斯的贴牌镜头，这成为内行们讥笑索尼的主要把柄。但索尼也有自身的优势，它的电子技术实力雄厚，为多家相机生产商提供CCD感光器，这一点连佳能、尼康也不敢跟它叫板。索尼主打消费级相机市场，其产品丰富，造型时尚，但其价格稍贵，主要产品有以下几个系列。

T系列是超薄便携卡片机型，此系列为众多注重时尚的年轻人所喜爱；H系列是长焦系列；W系列是中高端家用机型；R系列是专业高端数码相机系列；P系列是中低端家用机型；S系列是中低端实用机型，价格便宜；U系列是超小型时尚机型；F系列是镜头可旋转的中高端机型，F系列中的F717曾经名噪一时，成为一代经典机型。

索尼于2005年收购柯美，并利用柯美的技术于2006年推出其第一款数码单反——α 100，引起不小的市场震撼。在经历了漫长的等待之后，索尼终于在近日发布了A单反阵营的旗舰产品A900。

索尼A900搭载了索尼最新研制的具有2460万有效像素的全画幅CMOS传感器，可以拍摄最高达6048×4032分辨率的图片。机身内置SteadyShot光学稳定系统，可以不受镜头制约，提供恒久的光学防抖效果。两块Bionz影像处理器的应用使A900拥有更加强大的运算速度。正如所有高端数码单反一样，A900并没有配备机顶闪光灯，而是在机顶内部使用了一块明亮清晰的五棱镜，可以提供100%的视野率。9点自动对焦系统都采用了高精度的十字对焦点，其中中央对焦点更为双十字对焦点。索尼A900的反光镜箱经过优化设计，保证了在最高图像质量下5张/s的连拍速度。

索尼A900相机

5. 富士

富士是传统的影像器材生产商，在胶片时代很有名气，进入数码时代亦小有成就。在消费级相机领域，富士最引以为豪的是其自主研发的Super CCD、富士珑镜头和高ISO成像，这些特色在业界颇受好评，也赢得不少用户。

富士数码相机的主要类型有时尚轻薄机F系列、低端高性价比A系列、长焦S系列、入门级手动机E系列。F系列和S系列如下图所示。

富士时尚轻薄机F系列相机

富士长焦S系列相机

富士相机成像色彩鲜艳，产品素质可圈可点，尤其是长焦机颇受好评。但在数码单反领域，富士的底气就明显不足，机身全由尼康代工，机型单一，市场占有率很小，不过在影楼倒是颇受欢迎。

1.2 数码相机不可或缺的配件

数码相机的机身配件是使用时必不可少的，其中的数码单反相机会配备一些功能更为高级的配件产品。一台数码相机需要的各种配件大致相同，通常包括记忆卡、电池，这些都是拍摄所必需的配件，缺一不可。

1.2.1 如何选择适合你的记忆卡存储体

数码相机将图像信号转换为数据文件，保存在磁介质设备或者光记录介质上。如果把数码相机比作电脑的主机，那么存储卡相当于电脑的硬盘。存储体除了可以记载图像文件以外，还可以记载其他类型的文件，通过USB和电脑相连，就成了一个移动硬盘。

用于存储图像的介质越来越多，如何选择合适的存储介质，对数码摄影者尤其是从事数码摄影工作的专业人士来说，是一件很重要的事情。选择存储设备时通常需要考虑以下几点。

（1）设备与可转移介质的价格。

（2）可存储的信息量。

（3）存储介质的使用寿命。

（4）从磁盘上读写信息的速度，即由驱动器决定的数据转移速度。

市面上常见的存储介质有CF卡、SD卡、MMC卡、SM卡、记忆棒（Memory Stick）、XD卡和小硬盘（MICRODRIVE），如下图所示。

SD卡

MMC卡

CF卡

XD卡

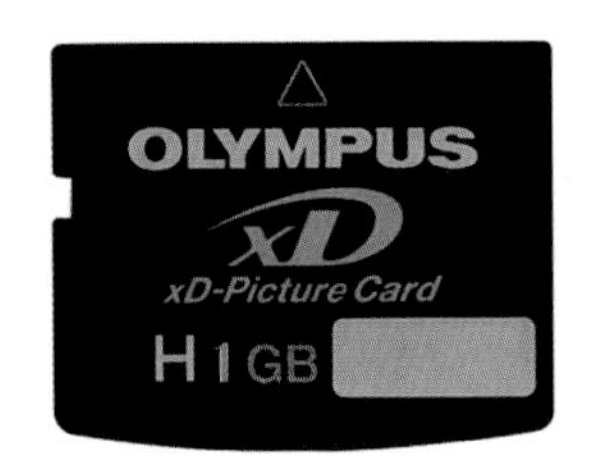

SD卡在外形上同MMC卡保持一致，并兼容MMC卡接口规范。SD卡比MMC卡和CF卡体积小、记忆容量高、数据传输率快、移动灵活性大、安全性高，特有的加密功能可以保证数据资料的安全性，售价方面比同容量的MMC卡稍高。SD卡现已广泛普及运用。

CF卡的优点是存储容量大、成本低、兼容性好。CF卡有TYPEⅠ和TYPEⅡ两种接口，缺点是体积较大。目前数码相机上使用较多的是CFTYPEⅠ接口。

XD卡是新一代存储卡，被人们视为SM卡的换代产品。XD卡体积小、速度快，但目前价格较高。

1.2.2　如何选择并使用电池

数码相机需要电池以维持正常运作。一般情况下，不同的数码相机可使用碱性锌锰电池、镉镍电池、镍氢电池、锂离子电池等作为其电源。

1. 碱性锌锰电池

碱性锌锰电池也就是5号电池，没有经过特殊的材料和技术改造，使用这种电池的数码相机多为低端产品，价格便宜，供电量和持久力较低。有时候，它的电量不足以带动数码相机的启动，甚至会对数码相机造成影响。

2. 镍氢电池

镍氢电池是早期镍镉电池的替代产品，它大大减少了镍镉电池中存在的“记忆效应”，循环使用寿命更加长久（可达1000次）。镍氢电池具有电容量高、放电深度大、耐过充和过度放电、充电时间短等明显的优点。最重要的是镍氢电池不再使用有毒的重金属作为材料，可以消除其对环境的污染。当然，镍氢电池也存在着一些缺点，在45℃以上的高温环境中或0℃以下的低温环境中，镍氢电池将无法正常工作，甚至无法启动相机；另外，镍氢电池的自动放电率也是比较高的，存放一段时间后会发现它的电量将明显减少。

3. 锂离子电池

锂离子电池价格比较高，但它具有重量轻、容量大、能量密度大的优点，与镍氢电池相比，锂离子电池比较轻便，而能量比却高出60%。正因为如此，锂离子电池的生产和销售正逐渐超过镍氢电池，成为现在数码相机主要使用的电池之一。“记忆效应”以及不含有毒物质等优点也是它广泛应用的重要原因。锂离子电池的充电器必须要“专用”，它不能与其他电池的充电器兼容，下图为常见的锂离子电池。

4. 如何节省电池电量

（1）尽量避免使用不必要的变焦操作。

（2）避免频繁使用闪光灯，闪光灯是耗电大户，大家尽量避免使用。

（3）在调整画面构图时最好使用取景器，而不要使用LCD。因为大部分数码相机都会因开启液晶显示屏取景而消耗更多电力，将它关闭可使电池备用时间增长两三倍。

（4）尽量少用连拍功能。数码相机的连拍功能大都利用机身内置的缓存来暂时保存数码相片。如果经常使用这些缓存的话，所需的电力非常多。因此，减少使用连拍和动态影像短片拍摄功能，对节电有很大帮助。

为了避免电量流失的问题发生，对电池的清洁是很有必要的。保持电池两端的接触点和电池盖子内部干净，必要时使用柔软、清洁的干布轻擦，绝不能使用清洁性或是化学性等具有溶解性的液体清洁数码相机、电池或是充电器。如果长时间不使用数码相机，必须要将电池从数码相机中取出，将其完全放电后存放在干燥、阴凉的环境，不要将电池与一般的金属物品存放在一起。存放已充满电的电池时，一定不要放在皮包、衣袋、手提袋或其他装有金属物品的容器中，以免短路。

1.3 现代数码相机的强大功能与优点

随着科技的不断进步，现代数码相机的功能越来越多，也越来越强大，这些功能为广大摄影者带来了更多的乐趣，也为广大摄影者提供了更好的拍摄条件，以拍出满意的照片。

1. 自拍功能

自拍功能即自行设定拍照时间。自拍功能主要是拍摄者在单独使用数码相机又想拍摄自己的影像时使用。通常有两档设置，分别为2s延迟自拍和10s延迟自拍。拍摄者把各种参数设定后，预设自己将会在照片上的位置，然后按下快门。这个时候数码相机开始倒数，倒数完毕，相机快门自动释放，将图片摄入。

2. 摄像功能

现在数码相机的摄像功能越来越受到人们重视，随着感光器件的升级和固件的优化更新，在光线充足的情况下，DC也能拍出很好的效果，很多DC的最高拍摄幅面已经达到640像素×480像素，不但超越了VCD的352像素×288像素，而且也接近了DVD720像素×575像素的水平。目前，大多数中高端DC基本上都可以无限时（仅受存储卡空间限制）拍摄有声录像。

3. 录音功能

录音功能即通过数码相机上自带的麦克风进行录音。由于不是专业的摄像机或者录音笔，数码相机所录取的音频均为单声道。数码相机的录音功能可大致分为三种：现场短片录音、标注语音文件和纯录音。现场短片录音功能真正实现了数码相机的DV化，通过机载的麦克风，数码相机可以一边拍摄短片，一边进行现场录音，所录音频和视频同样储存在一个文件里，很多有录音功能的数码相机都有声音回放功能。标注语音文件的功能是数码相机声音和图像不同步的功能，在拍摄短片、图片的时候，不能同时录音，只可以在拍摄之后再加上语音注释。一般有麦克风的数码相机，都可以进行纯录音，拥有以上两种功能的数码相机，只要暂停图片和短片的拍摄，就可以纯录音。

4. 遥控功能

遥控功能指数码相机的遥控附件，可以控制数码相机进行拍摄或者其他操作，并不是所有数码相机都具备这种遥控功能。在相机上的遥控主要有两种，有线遥控和无线遥控。

（1）有线遥控：有线遥控摄影附件是指遥控线，这种遥控线一般长达数米，使用时，把遥控线的一端插入相机上的专用插口，摄影者通过遥控线另一端上的触发钮来控制照相机。使用有线遥控附件，可在较近的距离内进行遥控摄影，摄影者在距离照相机3米处控制相机拍摄。

（2）无线遥控：无线电遥控式的遥控摄影附件，主要是利用无线电波感应来控制相机拍摄。大部分的准专业和专业数码相机都配有无线遥控器。无线电遥控附件最主要的特点是，遥控距离远、一般不受遥控方向或角度的制约，有多种遥控模式可供选择等。

5. 防抖功能

最早推出防抖概念的是日本尼康公司，在1994年推出了具有减震（VR）技术的袖珍相机。次年，日本佳能公司推出了世界上第一个带有图像稳定器的镜头EOS75～300mm、f/4～

5.6IS，其中IS是影像稳定系统（Image Stabilizer）的缩写，这就是习惯上提到的“防抖系统”。在实际拍摄中拍摄者的手在胶片或是CCD/CMOS感光过程中的抖动是客观存在的，只能靠特殊的机构来减少由于摄影者手的抖动带来的影像模糊。到目前为止，防抖功能分三大类型：光学防抖、电子防抖和CCD（感光器）防抖。目前推出过具有光学防抖功能的数码相机的厂家有：佳能、尼康、索尼、奥林巴斯等。防抖功能的优点是让拍摄者拍出更加清晰的照片，但是防抖技术会导致成像锐度降低，所以在快门速度过高的情况下应使用三脚架拍摄。

1.4 如何选择适合自己的数码相机

现在，数码相机的种类和功能越来越多，那么如何判断这些功能中哪些重要、哪些不重要呢？如何选择一台适合自己的数码相机呢？这时首先需要判断出自己的摄影需求。在这个前提下，了解以下的知识点，可以帮助我们更好地选择适合自己的数码相机。

1.4.1 选购数码相机的相关参数

在选购数码相机时，有四个主要参数需要考虑：分辨率、方便性、创造性控制功能和价格。

1. 分辨率

在细节方面重现影像效果的能力为分辨率，就数码相机来说，照片的分辨率主要是由使用成像芯片所用图像元件的数量（或像素）决定的。对于需要放大照片或复杂的工作来说，选择高分辨率的相机比较适用。对于网页上用的照片或者小型照片来说，分辨率就显得不那么重要了。

2. 方便性

选择数码相机时应该选择一台使用起来比较顺手的数码相机，不要选择用起来比较复杂的数码相机，这样才会很好地使用它并能得到你所要的照片。一般来说，小型数码相机便于携带，但对某些专业摄影师来说，则需要配备较为专业的数码相机。

3. 创造性控制功能

照片的好坏是摄影师对数码相机进行创造性控制的结果。一般来说，很多数码相机可以很简单地拿起来取景并进行拍摄。如果要达到想要的照片效果，还需要调整变焦数据、虚化背景或模糊前景，以达到突出主体对象的目的。

4. 价格

当购买一台数码相机时，人们会倾向于物有所值。如果想要分辨率高一点，那么你必须买相对较贵的数码相机。较为廉价的数码相机通常很少具备创造性控制功能。但不排除一些傻瓜数码相机也能提供小部分创造性控制功能，其价格也相应较高。

下面是两款常见的普通数码相机与数码单反相机，从外观上看，单反类数码相机更大，镜头更长但通常可以更换，价格也相对较高。只有选择适合自己的数码相机，才能做到物有所值。

数码变焦袖珍相机

数码单反相机

1.4.2　现场测试数码相机的LCD

对于大部分数码单反相机（DSLR）来说，数码相机的LCD显示屏只能起到拍摄结束后查看所拍照片效果的作用。数码单反相机结构的限制，决定其无法像消费级数码相机那样实现LCD实时取景。LCD显示屏的画面色彩、对比度与在电脑中看到的实际影像误差较大。那么，在购买数码相机时，应该怎样去测试LCD显示屏呢？

数码相机LCD显示屏坏点的测试是必要的。首先，打开数码相机，对准白墙、白纸，目的在于让数码相机LCD显示屏整个显示白色，以检测有无不发光的“暗点”；其次，将数码相机完全遮光，让LCD显示屏显示黑色，用来检测有无“亮点”；最后，将数码相机对准红色、绿色、蓝色的彩纸，用来检测有无“彩点”。

使用LCD取景是目前大多数数码相机具备的取景方式（除单反外），其最大优点是，可以通过LCD直接观看所拍摄的画面效果。

LCD显示屏

旋转式LCD显示屏

1.4.3 查看现场试拍效果

当你在购买数码相机的时候，有必要试拍几张照片，通过试拍可以直接感受数码相机使用时的难易程度，了解是否适合自己的使用习惯。通过试拍，你还可以了解到相机的功能设备是否完好，照片是否准确地还原了所拍摄物体的颜色，画面的清晰度如何以及画面是否有噪点和亮点。

下图为试拍的两张照片，在拍摄时可以直接借助身边的道具或小物件进行拍摄，目的仅在于查看拍摄的画面效果，以更加直观地了解所选相机的成像质量。

1.5 请随身携带其他重要的拍摄配件

1.5.1 随机附送的配件

购买数码相机的时候，会随机附送一些必要的配件，常见的配件有：USB数据线、AV数据线、附带软件、使用手册、保修卡、电池和随机存储卡。以下是对这些随机附件的介绍。

1. USB数据线

USB数据线是用来连接PC和数码相机的设备，用于主系统与不同外设间的数据传输，如下图所示。USB允许外设在开机状态下插拔使用，具有易于使用、高带宽、可接多达127个外设、数据传输稳定、支持即时声音播放及影像压缩等特点。现在的USB有两种型号，一种为USB 1.1，另一种是USB 2.0，两者的传输速度不同。前者的速度为12MB/s，而后者高达480MB/s。

USB数据线

2. AV数据线

AV数据线用来和电视之间连接，通过电视画面浏览与观测数码相机中的图片。通常AV由两个插口组成：一个为红色插头的音频线，另一个为黄色插头的视频线。

3. 附带软件

为了使数码相机正常运作，一般厂商都会附送该数码相机的驱动程序和相关的媒体软件，不同厂家所送的软件种类和数量不等。一般附送的软件有Ulead Explore、 Ulead Cool 360。

4. 使用手册

相当于使用说明书，根据相机功能的不同，说明书的内容也有所不同。对于专业或者准专业的数码相机，说明书的内容通常非常详细，而对于消费级或低端数码相机，内容相对较少。使用手册一般包括4大板块：基本介绍、全套配件、功能介绍和其他提示。

5. 保修卡

保修卡是产品质量的保证，只有从正常渠道进口或者生产的数码相机才拥有保修卡。保修卡上一般会标明相机型号、相机编号、购买时间及保修期、保修点和电话，最重要的是厂家的签名或者盖章。

6. 电池

电池是随数码相机赠送的，通常有一次性电池、可充电池和锂离子电池三种。一性次电池很不耐用，可充电池和锂离子电池可以充电，更为方便。对于电池充电器，建议还是选购坐式充电器。

7. 存储卡

随机附送的存储卡，容量一般不大，所以用户常常需要另外购买。许多数码相机支持不同种类的存储卡，但通常厂商只会附送一种。

1.5.2　让摄影包更好地保护你的相机

挑选一款合适的摄影包是每个摄影爱好者必做之事，但摄影爱好者们获取有关摄影包的信息往往比数码相机少很多。那么影友们应该如何选择适合自己的摄影包呢？在购买摄影包之前要问自己两个问题：一是主要拍什么题材，二是将来要选购什么样的摄影器材。例如，一个经常出入野外艰苦地区拍摄风光作品的摄影师，应该购买结实并且容量大的双肩摄影包；而对于一个经常在市内拍摄模特的人像摄影师来说，一款略带时尚感的单肩包就足够了。因此，影友们要对自己未来的器材做出规划，在购买摄影包时同样要为以后购置的器材留个位置。

常见的摄影包有三种：便携三角包、单肩摄影包和双肩摄影包。

1. 便携三角包

对于一机一头配置的数码单反用户来说，购买一个便携式三角包就足够了，它带有一些夹层，可以用来装下存储卡、电池、滤镜等配件。通常摄影包不同于一般的书包，它需要严谨的设计和制作工艺，产品的防护层要起到真正防水防震效果，摄影包在出厂前通常会经过专业的测试。

做工精细的便携式三角包

2. 单肩摄影包

数码单反用户如果拥有几个可更换的镜头和一些摄影附件及小器材，那么选择一个单肩摄影包是比较适用的。单肩摄影包承载了很多摄影师“摄影伴侣”的使命，也是使用率最高的摄影包品种。它能提供足够大的空间和丰富的内部组合方式。携带单肩摄影包的随意性比较大，拿取器材比较方便，同时在避免器材丢失或被盗方面比双肩包更加保险安全。

3. 双肩摄影包

单肩摄影包虽然使用方便，但是它不适于长途旅行和长时间背负，在徒步登山时还会对摄影师的肢体动作形成干扰。这时就需要一款贴身的背囊式双肩摄影包。选择这个级别的摄影包时，摄影师通常有了比较明确的拍摄目的和题材，知道自己需要带多少器材。根据实际需要选择全能双肩摄影包时，你会发现可选择的范围已经小多了。这时品牌的作用更加突出，因为大家需要的不是花哨的功能，而是实实在在的承诺和保障。

单肩摄影包能承载足够多的摄影器材

双肩包的外观设计越来越偏向登山包

1.5.3 带上你的三脚架

三脚架或独脚架是拍摄中重要的摄影附件，在很多场合都能起到稳定的作用，从而获得高质量的画面效果，拓展摄影的拍摄范围。在使用长焦距镜头拍摄或是需要长时间的曝光时，使用三脚架可以增强拍摄的平稳性，获得高清晰度的画面。同时三脚架还是一个人外出时自拍的重要辅助工具。

三脚架一般用金属或工程塑料制成，通过收缩或拉长改变高度，便于携带。在选购三脚架时，通常需要注意以下三点。

1. 稳定性

稳定性由重心和管脚材质的刚性决定，器材越重，整体重心越低，脚架就越稳，管脚也就越结实。但结实的材质往往较重，因此便携性较差。在选购时根据自己使用的照相机和镜头的份量，来选择足够稳定的三脚架。

2. 便携性

便携性由重量和收缩长度决定。但大多轻质材料的刚性又不太好，所以厂家只能选择碳纤维或铝合金这些轻而结实但价格昂贵的材料，其中碳纤维材质三脚架的价格在三脚架中是最昂贵的。要考虑携带的方便，在满足稳定性的基础上尽可能选用体积小且分量轻的三脚架。三脚架的收缩长度也决定了便携性，收缩长度越短越容易携带，而节数会影响三脚架的结构和稳定性。

3. 价格

选购三脚架时，你应该明确自己的需求，再根据要求进行选择，同时考虑在可承受价格范围内，尽量避免花过高的价格买不适合自己使用的产品。

在使用三脚架进行拍摄时，正确的操作方法如下：首先抽出最粗的脚节，锁住，再抽出细的，逐步将三脚架的三根支架分开，直到撑稳为止；中心的升降柱只作微调高低使用，尽可能避免升到最高处，以防止“头重脚轻”；在拍摄前还应检查每个部分的锁定装置，使其紧固，避免晃动。左下图为展开脚节的三脚架。

独脚架并不是三脚架的替代品，数码摄影常常需要配备灵活的独脚架，允许在适当的时候，帮助相机定位以便拍摄不同类型的照片。独脚架更易于携带、来回移动，比三脚架更轻，约束更少且更加便捷，非常适合轻便型的户外数码摄影。独脚架在变换拍摄方向、角度的操作上要比三脚架更加方便，在抓拍时更能显示其优势。

碳纤维三脚架

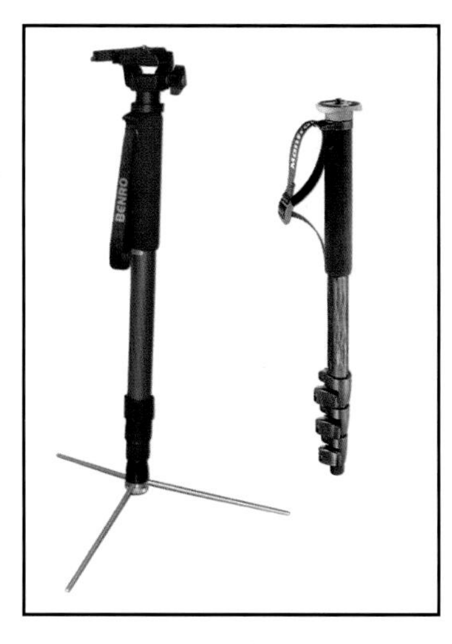

形式各异的独脚架

1.5.4 数码伴侣的使用让你更加方便

数码相机伴侣是指大容量的便携式数码照片存储器，并且在存储的过程中无需电脑支持，可以直接与数码相机连接，进行数据的传输与存储。数码相机伴侣是一个集多口读卡器、大容量移动硬盘为一身的数码产品。它是一个由高速大容量移动硬盘与多种读卡器合二为一的数码储存装置，它可以在没有电脑的情况下转存数码相机存储卡的数据，用户只需要将读卡器支持的数码存储卡插入其中，然后再按一下COPY键，即可将卡上的数码照片复制到数码相机伴侣内置的小硬盘中保存。数码相机伴侣内置大容量锂电池，可长时间使用。

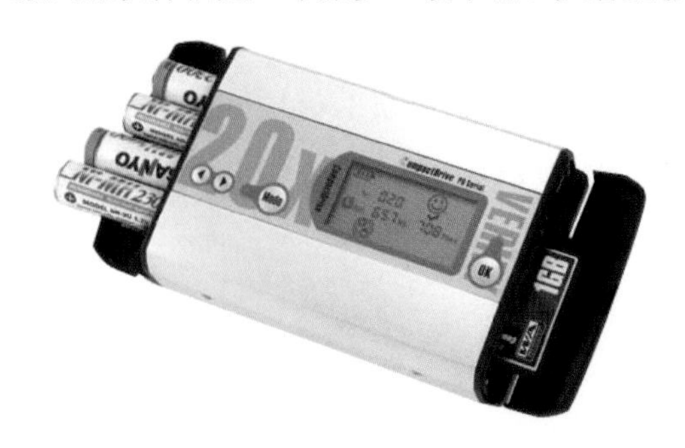

配备锂电池的数码伴侣

选购数码伴侣并不是一件简单的事情，市场上的产品种类繁多，其品质和性能表现也各不相同，消费者在选择时往往无所适从。那么选购数码伴侣可以从以下几方面考虑。

1. 性价比

性价比是选择数码相机伴侣首要考虑的问题。选购时应该一切从自己的实际使用需要出发，选择性价比高的产品。在使用功能上，目前比较流行的就是带有液晶屏的数码伴侣。液晶屏除了精美外，还可以监控正在进行的数据转存操作，操控性能非常强，但价格相对会高一些。

2. 读卡兼容性

数码伴侣是读取存储卡上的数据，因此存储卡的兼容性是选购数码相机伴侣的关键要素。兼容性包括两方面：一是能兼容多种存储卡，兼容的种类越多，使用范围越广；二是同一类别但不同厂家生产的存储卡的兼容性能。目前市场上兼容性达到七种以上的读卡器有很多，比如爱国者伴侣王Ⅱ支持七种存储卡，左侧的四合一读卡器插口支持SM/MS/SD/MMC，右侧的二合一读卡器插口支持F/MicroDrive，而XD卡则需要通过专用的适配器进行转接才能读取。

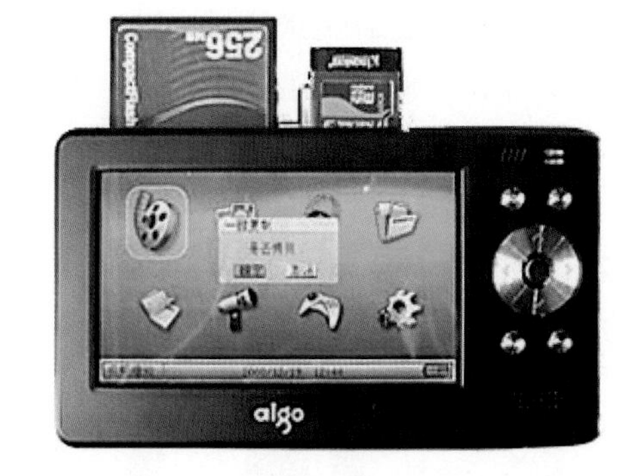

爱国者数码伴侣

3. 传输速度

数码伴侣的数据传输速度也是很重要的，由于存在技术上的差异，各品牌产品的传输速度也会有很大不同。在这一点上，我们需要注意的就是USB接口的传输标准，目前市场上主要存在USB 1.1和USB 2.0两种，USB 1.1的传输率为12MB/s，而USB 2.0的传输率达到了480MB/s，它们之间的传输速度差距非常大，在操作过程中也能明显感受到两者之间的差异。现在主流产品一般都采用与目前主流机型的接口相匹配的USB 2.0接口，保证了传输数据的速度。

另外，在保证传输速度的基础上，存储数据的安全可靠性同样不能忽视。安全性能包括两个方面：一是数据的物理安全，另一个是实际应用中的安全防护。大多数码相机伴侣都有自己的特色解决方案，除了在金属外壳的抗震方面做了精心设计外，还考虑到应用中数据覆盖的问题，在每次COPY数据和照片的时候，都会重新创建一个目录，即便是相同的内容，也会重建目录另存使数据备份，因此用户不必担心数据因覆盖而丢失。

1.5.5　如何借助闪光灯达到更好的效果

闪光灯能在极短的时间内发出较强的光线。所以，快门必须在这瞬间打开，才能达到使底片曝光的目的，这就需要闪光灯与快门“同步”。

1. 机上闪光

将闪光灯直接装在或紧靠照相机旁使用时，光线是直射、生硬的，造型效果差，被摄物的后面会投下浓重的阴影，重要的影纹都为黑影所遮盖。如果是彩色片，深黑的阴影还会给人以色彩失真的感觉。

专业数码单反相机装配专业外接闪光灯

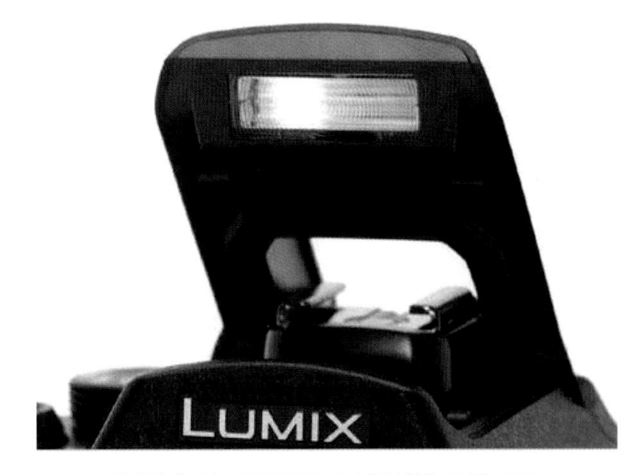

常规的数码单反相机配备了功能简单的机顶闪光灯

在使用机上闪光时常常会出现两个问题：一是“红眼”，二是“反光”。在使用闪光拍摄的照片中，被摄者的瞳孔呈现红色，这是由于闪光灯离镜头太近，光线被血管丰富的视网膜反射回来的缘故。最好的解决办法是使闪光灯离镜头远一些，或是在拍摄前被摄者先注视一个亮处（如室内的电灯）一下，也能使瞳孔缩小。

闪光光线的反光对画面也有破坏作用，因此拍摄时要避开背景上那些明亮的反光面，诸如镜子、窗户和光亮的墙壁等。不能避开时，可以调整拍摄位置，使之与反光面形成一定的角度，从另一个方向用光，就能够减少反光效果了。眼镜也常常会造成强烈的反光，解决方法同上。

2. 机外闪光

把闪光灯从照相机上取下来，使之离相机一臂之距或更远一些，这样能够改善闪光照明的效果。这样的光线还能增强造型效果和立体感，从而在照片平面上更好地表现出物体的真实面貌。在雨雪天气里拍照时，也要使闪光灯远离照相机镜头的轴线，以避免雨点或雪花在直射光照射下对画面的破坏。

3. 多灯闪光

使用两个以上的闪光灯照明，可以增强照片的艺术感染力，并且在任何环境中都能够获得摄影室里的那种多灯照明效果。

用做主光的闪光灯常常是位于相机之外的闪光灯，主要用以强调被摄物的立体感。它距离被摄物比辅助闪光灯要近一些。辅助闪光灯装在相机上（或处于相机位置），以增加对阴影部分的照明。第三只闪光灯用来照明背景，或者像逆光一样，用做轮廓光。

2 数码相机使用快速上手

在了解了数码相机相关基础知识后，拍摄者更希望了解的应该是如何让自己的相机更快发挥作用，拍摄出想要的照片。本章将为用户介绍如何使数码相机快速上手，帮助初级用户更快掌握拍摄技巧。首先为用户介绍如何由数码相机的功能菜单对拍摄参数进行设置，在完成参数内容的设置后，用户在拍摄过程中需要保持正确的拍摄姿势，以保证拍摄出更加清晰的画面。最后为用户介绍了如何使用数码相机提供的情景模式，针对不同拍摄场景进行拍摄，简化用户拍摄前对不同参数的设置过程，有效地提高了拍摄效率，大大增强了拍摄的画面效果。

2.1 为拍摄做准备

在使用数码相机拍摄照片之前，拍摄者首先应做好拍摄的准备，以避免在拍摄的过程中出现未设置相机参数的情况，从而错过了瞬间拍摄美丽景色的机会。拍摄前的准备很多，拍摄者首先应携带好必要的数码相机。在了解了数码相机相关基础知识后，本节主要为用户详细介绍如何对使用的数码相机菜单及拍摄参数进行设置，从而帮助用户在拍摄的过程中更好地操作自己的相机。

2.1.1 数码相机的功能与菜单设置

在使用数码相机时，为了使操作的相机更加符合用户的拍摄要求，首先应该对相机中的各项参数进行设置。针对不同的相机，使用者可以根据个人习惯自行设置相关参数内容，以便更好地使用相机进行拍摄（本节以富士S9600相机为例，为用户简单介绍相关参数的设置方法）。

1. 设置语言

数码相机制造厂商为了方便其产品适用于不同国籍、不同地域的摄影爱好购买者，通常都为其生产的相机提供了多种语言供使用者选择。在设置数码相机语言时，用户可以打开功能设置菜单，在其语言选择列表中选择合适的类型，如左下图所示。

2. 设置LCD亮度

在拍摄的过程中，可以通过LCD显示屏预览所拍的画面，但如果显示屏在强烈的阳光下使用，则常常会因为反光而影响拍摄者的查看。在不同的拍摄场景中，用户可以根据光线调整显示屏的亮度，如右下图所示，打开设置菜单，选择LCD亮度选项。

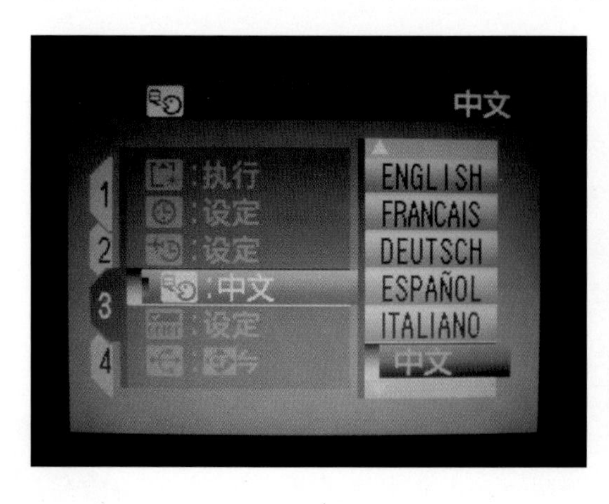

相机会自动切换到亮度设置窗口，用户可以根据看到的实际亮度来调整显示屏的显示效果，如左下图所示，将亮度调到最高，可以看到显示屏显示明亮效果，在实际操作中，用户需要根据拍摄场景自行调整。

一些数码相机的显示屏还为用户提供了可折叠功能，当需要将相机放置于低处或高处拍摄时，可展开显示屏，方便拍摄者的取景观察。在强光条件下，也可展开显示屏避免反光现象的发生，如右下图所示为富士S9600的折叠显示屏功能，但并非每款相机的显示屏都具有该项功能。

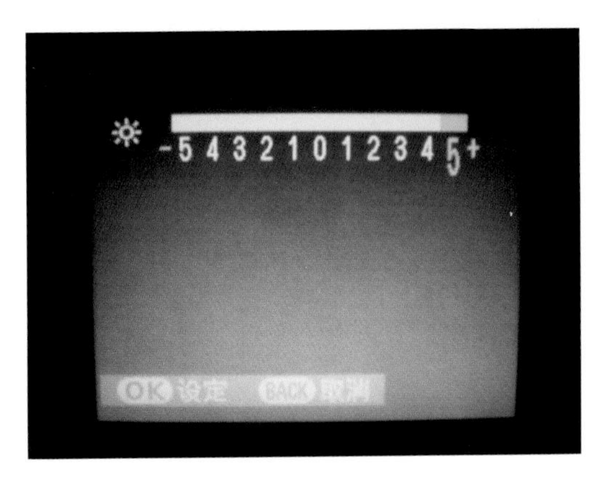

3. 设置存储介质

当用户使用数码相机进行拍摄时，为了存储更多的照片内容，需要在相机中插入存储介质，常见的存储介质有SD卡、CF卡、记忆棒等，需要根据不同的相机品牌及型号进行选择。数码相机还为用户提供了自带的存储空间，因此用户在拍摄之前首先应确定照片的存储位置，如右图所示，在菜单中选择将其存储在自带的存储空间或插入的存储卡中。

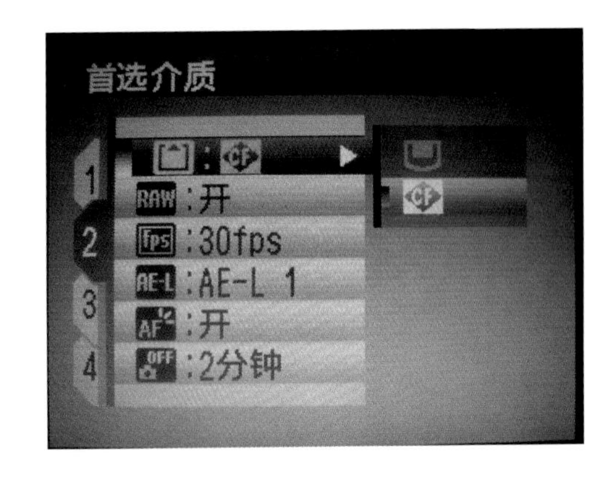

4. 设置存储格式

在拍摄时，为了使相片满足用户拍摄的尺寸要求，用户可在菜单中选择拍摄的图像尺寸。如左下图所示，在菜单中设置拍摄的尺寸即分辨率大小，通常设置为最高分辨率，但使用高分辨率也相应地增大了每张照片的存储大小。因此，用户需要根据拍摄要求选择合适的尺寸。

一些高级数码相机还为用户提供了RAW格式，通常情况下用户拍摄的照片为JPG格式。与JPG不同的是，RAW格式的图片是一种数据文件，其存储的数据是没有经过处理的、最原始的照片，可以方便用户对其进行后期处理，制作出更为完善的照片效果，如右下图所示，在菜单中开启该功能即可。

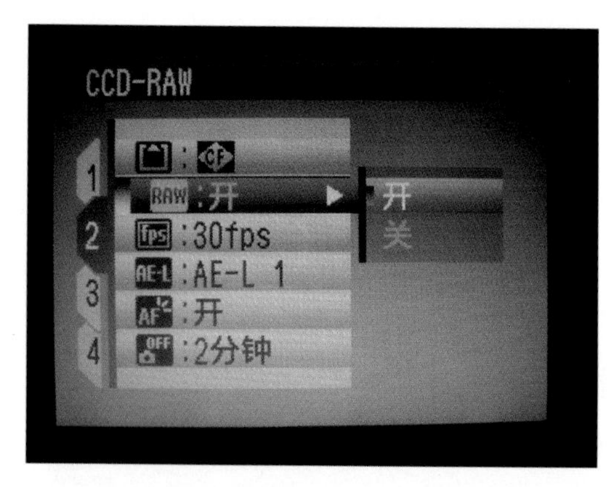

5. 设置感光度

感光度调整是指在不同的拍摄场景中，根据场景光线对拍摄画面做出调整设置。当拍摄环境光线较暗时，可以将感光度调高；相反地当光线较亮时，则应将感光度适当降低。在调整感光度时，用户同样可以通过相机中的菜单进行操作设置（具体的感光度设置可参见3.3小节）。

6. 设置自拍

当用户拍摄集体照或风景，需要将自己放置于拍摄画面中时，可以使用自拍功能，设置相机在按下快门后固定的一段时间内进行拍摄。如右下图所示，在设置菜单中选择自拍功能，并在相应的列表中选择自拍的时间选项，即可应用该功能进行拍摄（自拍功能的使用可参见3.6小节）。

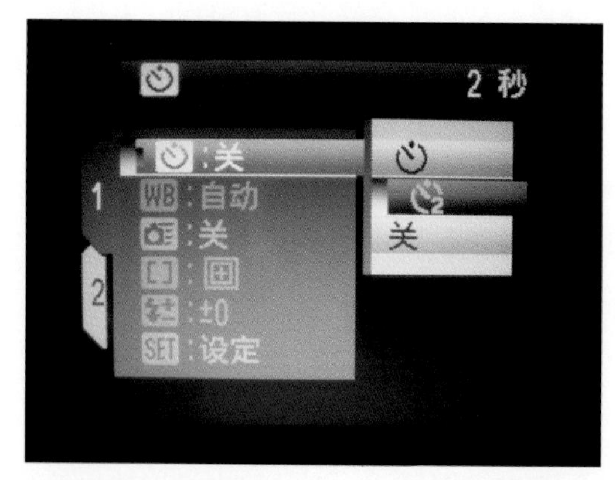

在数码相机的功能菜单中，还为用户提供了白平衡、曝光EV值、对比度、饱和度等多项参数设置选项，其操作与设置方法与前面介绍的方法相似，用户只需打开功能设置菜单，在其中选择相应的选项内容进行设置即可，在此就不再赘述了。

2.1.2 在拍摄过程中直接查看拍摄参数

在拍摄过程中，用户可以通过相机显示屏直接查看设置的拍摄参数内容。通过显示屏，用户可以很方便地了解拍摄信息。为了更好地说明这项功能，下面以索尼T系列卡片机为例，分别为用户介绍各项参数图标的意义（需要注意的是每款相机由于制造商不同，因此拍摄界面显示的参数图标也不相同，用户需要针对自己的相机进行了解，详细可参见购买相机说明书）。下图为拍摄时屏幕上显示的相关参数信息。

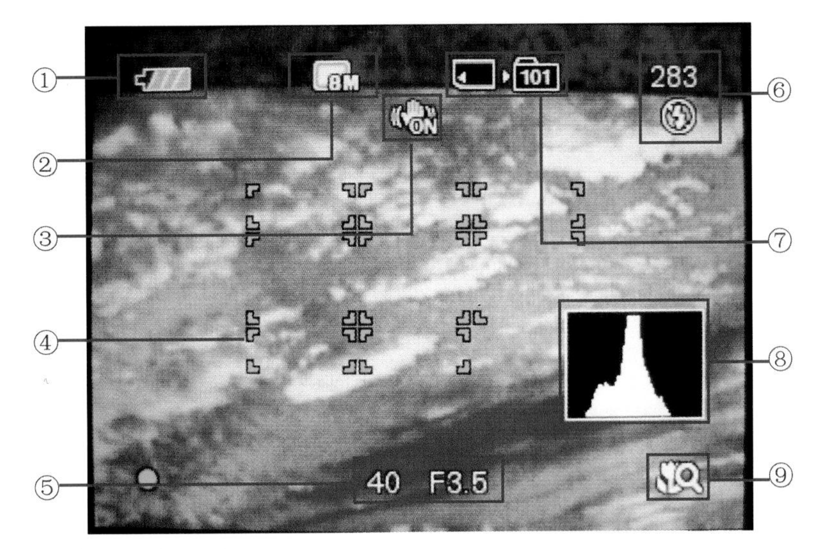

①显示当前电池的电量情况。

②显示当前拍摄照片的尺寸。

③该图标表示已开启相机防抖功能。

④对焦框，当拍摄者半按快门时，显示该对焦框，可以查看画面对焦准确度。

⑤左侧数字表示快门速度，右侧数字表示光圈数值。

⑥上方数字表示在当前拍摄尺寸下，相机存储介质的剩余可拍摄照片数量。下方图标表示关闭闪光灯。

⑦表示拍摄照片的所选储存介质。

⑧直方图显示拍摄照片的曝光情况，即亮度效果。

⑨表示微距拍摄功能已开启。

直方图是数码相机在显示屏上显示出来的波形图，现在许多高档相机在取景的时候就能够看见实时直方图，可以帮助拍摄者拍摄更好的照片。通过直方图的横轴和纵轴可以很清楚地判断拍摄照片的曝光情况。

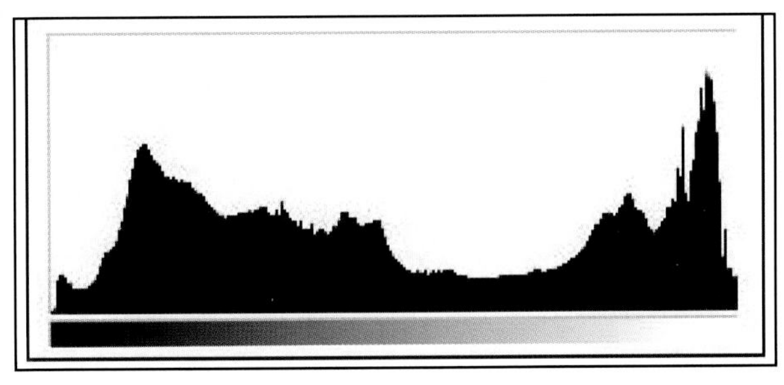

直方图的横轴从左到右代表照片中从黑（暗部）到白（亮部）的像素数量，如右图所示。一幅好的照片应该同时具有明暗细节，在直方图上就是从左到右都有分布，而直方图的两侧是不会有像素溢出的。直方图的纵轴表示相应部分所占画面的面积，峰值越高说明对应明暗值的像素数量越多。

如下图所拍摄的照片，直方图偏向白色，表示曝光过度，可以看到照片显示过亮的效果，此照片为曝光失败的照片。

如下图所示，直方图偏向黑色，表示曝光不足，可以看到照片显示过暗的效果，此照片为曝光失败的照片。

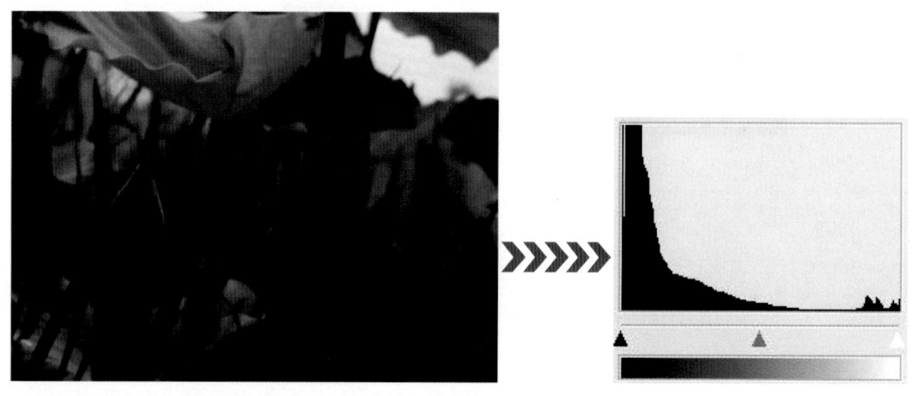

如下图所示，直方图分布较为均匀，表示曝光正常，因此拍摄的照片画面显示较好的亮度效果，照片曝光正常。

2.1.3 请不要忘记还有闪光灯

闪光灯的英文名为Flash Light，中文全称为“电子闪光灯”，又称高速闪光灯。电子闪光灯通过电容器存储高压电，脉冲触发使闪光管放电，完成瞬间闪光。在数码相机拍摄中，用户可以开启闪光灯来增强拍摄画面的亮度效果。通常电子闪光灯的色温约为5500K，接近白天阳光下的色温，发光性质属于冷光型。下面为用户介绍常见的闪光灯类型及其使用范围。

1. 内置闪光灯

一般的卡片相机、长焦相机、单反相机都配有内置闪光灯，根据相机的不同，其闪光灯也有所不同。内置闪光灯在使用时，用户只需要打开相机上相应的功能即可，但由于内置闪光灯的指数较小，所以使用范围不是很广。

内置闪光灯常在普通场景拍摄中光线较暗时使用。在拍摄人像的时候也可以使用内置闪光灯进行闪光补光。右图为常见的内置数码相机闪光灯。

提示：

使用内置闪光灯必然会造成大量的电量消耗，所以经常使用它的用户应该常备备用电池，以避免在拍摄过程中因电池电量不足而造成的无法拍摄现象。

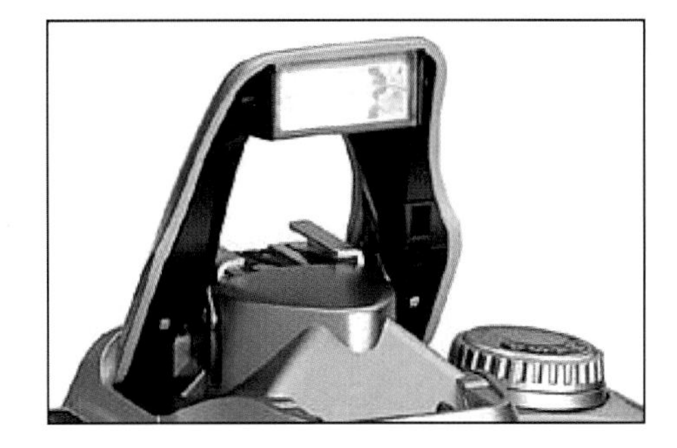

内置闪光灯

2. 外置闪光灯

外置闪光灯是一般是相机生产商或者专业的闪光灯生产商为相机专门定制的闪光灯，如左下图所示。外置闪光灯的特点如下。

- 使用灵活：外置闪光灯通常可以通过相机的热靴或专用闪光插槽接入使用，不使用时可以随时将其取下。
- 操作性强：在使用时，用户可以控制闪光量的输出，或改变闪光灯的方向。
- 闪光指数高：外置闪光灯比内置闪光灯具有更高的闪光指数，可以适用于更多场景的拍摄。

3. 大型闪光灯

大型闪光灯一般用于照相馆、影楼、摄影工作室等拍摄场合，如右下图所示。

大型闪光灯的特点是输出功率特别大，通常不用闪光指数来计算闪光量，而使用Ws（瓦特·s）来计算，一般来说，400Ws大约相当于闪光指数56。

外置闪光灯

大型闪光灯

4. 特殊闪光灯

特殊闪光灯在非常规或非普通拍摄时使用，是为一些专门的拍摄用途而设计，主要包括环形闪光灯和水下闪光灯两大类。

左下图所示为环形闪光灯，用于近摄或微距摄影，并广泛用于医学摄影。

右下图所示为水下闪光灯，用于水下摄影，有很好的密封性能和抗压能力。

环形闪光灯

水下闪光灯

在使用闪光灯进行拍摄时，拍摄者需要注意在不同的场景中选择合适的闪光灯模式，从而使照片达到更好的拍摄效果，下面分别介绍几种常见的闪光模式。

1. 自动闪光

相机会自动判断拍摄场景的光线是否充足。如果不足，就会在拍摄时自动打开闪光灯进行闪光，以弥补光线。在大部分的拍摄情况下，“自动闪光”模式都足以应付。

左下图所示为用户在拍摄狗尾草时，光线较暗，此时开启自动闪光功能，再次进行拍摄，可以看到使用闪光灯后拍摄的照片强调突出了主体对象，对象呈明亮效果，如右下图所示。

2. 减轻红眼

“红眼”是在夜景或室内暗光下用闪光灯拍摄人物时，由于被摄对象受眼底血管反光的影响，使照片上人物瞳孔发红的现象。为了避免照片出现红眼现象，用户可以开启数码相机上的防红眼功能（大部分闪光灯都具备该项功能），来有效地避免拍摄人物的红眼现象。

当在暗光下拍摄人物时，由于相机尚未开启防红眼功能，因此放大照片可以很明显地看到人物眼部显示红色瞳孔，如左下图所示。右下图中由于在拍摄时开启了闪光灯的防红眼功能，避免了这一现象的发生，拍摄的人物眼部显示正常的效果。

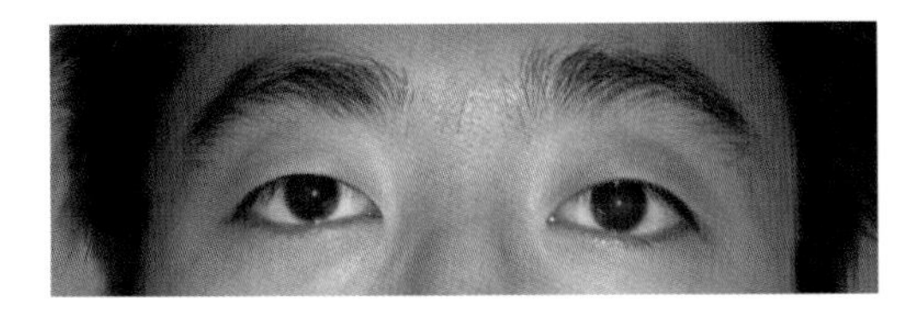

未开启防红眼功能

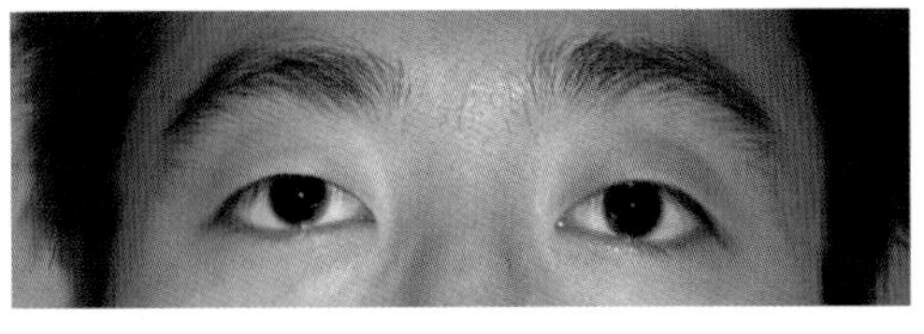

开启防红眼功能

提示：

为避免照片中的红眼现象，用户除了使用相机的防红眼功能外，还可以使用下面的两种方法。

（1）先使被摄人物注视比较亮的对象，可使瞳孔缩小，避免出现红眼。

（2）使用软件后期消除，在拍摄完成后发现被摄对象出现红眼也不必担心，可以利用专门的软件来修改眼睛，如可以在Photoshop中借助工具条上的“喷枪”来改变颜色，也可以通过复制角度光斑位置合适的黑眼珠来覆盖红眼等（在后面的章节中将详细介绍），只要耐心细致地操作，便可消除已拍照片中的红眼。

3. 强制闪光

在拍摄逆光物体时，由于被摄物体背对阳光，在拍摄时通常会曝光不足，从而导致画面过暗，对象不清晰。此时则可以使用闪光灯强制闪光功能，在逆光环境中使光线平均，从而使曝光平和。使用数码相机的强制闪光功能，也叫做补光，可以有效地使画面中的被摄物显示出明亮的效果。

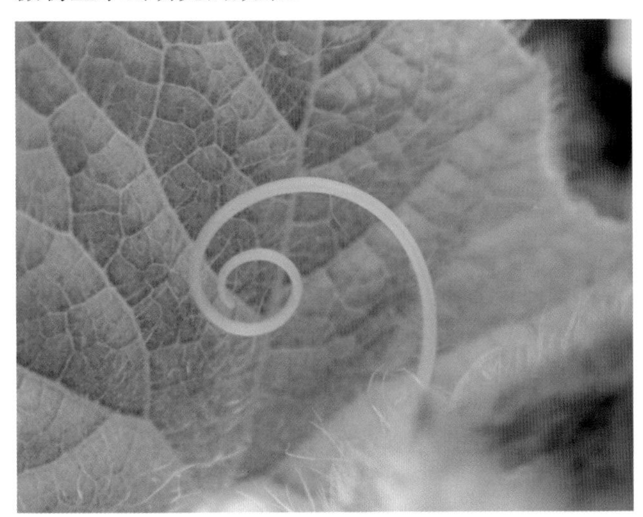

如左图所示，由于拍摄的树叶处于逆光位置，拍摄时开启强制闪光功能，可以看到拍摄的树叶在补光后显示出明亮的绿色，拍摄的画面更加完善。

拍摄参数如下

光圈：F3.5
快门：1/40 s
ISO：160
曝光补偿：0 EV
焦距：6.33
白平衡：自动

4. 慢速闪光同步

在微弱的光线环境下拍摄时，如果使用强制闪光灯，很容易造成主题明亮，但背景却非常暗的现象，背景细节也将无法拍出，此时可使用闪光灯慢速闪光同步模式，数码相机会延长快门的速度使其变慢，从而改善背景过暗的情形。例如在夜间拍摄人物与景致同时存在的画面时，推荐使用慢速闪光同步。

左图拍摄的是5·12地震烛光祈福现场，由于拍摄时只有烛光，光线较暗，为了使拍摄达到更好的效果，使用慢速闪光同步进行拍摄，此时可以看到画面中烛光呈清晰的效果。需要注意的是，在使用慢速闪光同步模式时由于快门过慢，最好使用三脚架协助拍摄，以避免画面模糊。

提示：

一些高级数码相机如单反相机还提供了高速同步闪光模式，用来凝固高速运动的物体，或在逆光拍摄的时候进行闪光补光。有了高速同步就意味着可以使用大光圈闪光拍摄，可以获得背景虚化，主体突出的效果。

2.2 拍摄过程中你采用了什么拍摄姿势

使用数码相机进行拍摄的姿势包括正确的持机姿势和正确的拍摄姿势，持机姿势没有固定的模式，因相机的不同而不同，拍摄的动作姿势则包括多种。当用户在使用数码相机进行拍摄时，除需要设置合适的拍摄参数外，正确的拍摄姿势也是完成拍摄的重要环节，只有采用良好的拍摄姿势，才能获取更多更好的照片。

2.2.1 稳定的持机姿势

要拍摄出好的照片，“稳”是摄影爱好者需要牢记的第一要素。稳定的画面给人一种安全、真实、美好的享受，如果拍摄时不稳定，那么拍摄出来的画面将模糊不清，画质也随之降低。为了避免拍摄过程中因相机抖动而造成的画面不稳定，用户在拍摄中应掌握正确的持机姿势。

1. 右手持机姿势

使用数码相机时，需要用右手持稳相机，对数码相机的操作也主要控制在右手上，如右图所示，将食指放置在快门上，大拇指握于相机右侧上部，用于转动模式转盘及设置功能按钮。

提示：

许多相机在手柄和拇指位置配置了橡胶皮，可防止用户在持机时右手打滑，造成相机摔落。

2. 双手持机姿势

● 横拍

使用右手持稳相机后，左手在镜头下方将机身托住，转动变焦环可调整拍摄焦距，拉近远处拍摄物体。转动对焦环可调整拍摄对象的清晰程度。

如左下图所示，转动相机镜头上的变焦环，调整拍摄对象的变焦距离。通常用户在变焦时，可通过显示屏查看变焦参数。

如右下图所示，转动相机镜头上的对焦环可将拍摄对象在对焦框中进行对焦，顺时针转动对焦环，设置近距离对焦。逆时针转动对焦环，设置远距离对焦。

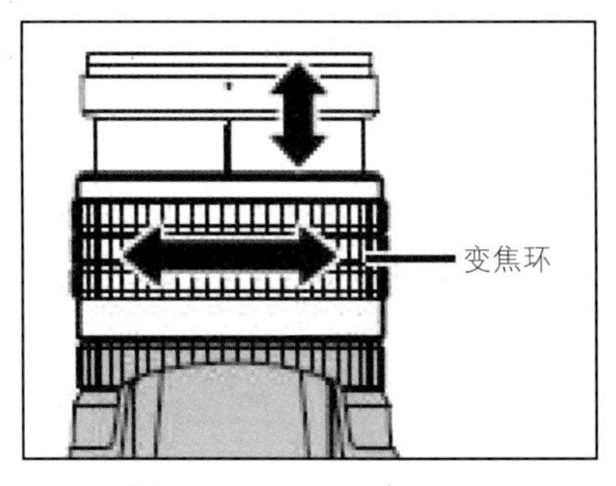

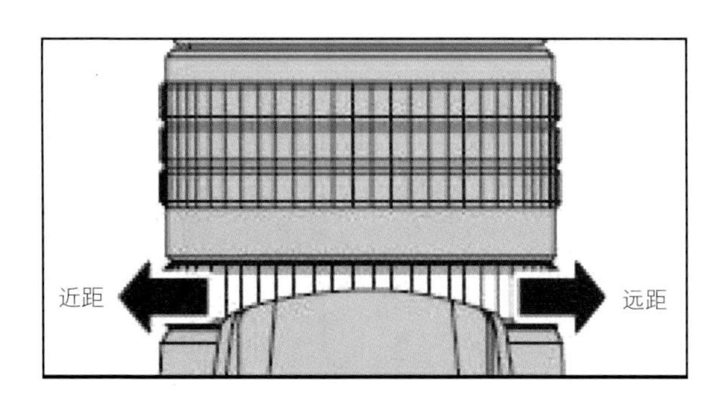

● 竖拍

与横拍持机方式相似，拍摄者右手将相机竖向拿稳，左手从相机底部托住相机，此时相机的重心与横拍有所不同，重心落在左手上，如右图所示。

2.2.2 多种不同的拍摄姿势

1. 站立式拍摄姿势

站立拍摄是最常见的拍摄姿势。拍摄时双脚张开一定角度，或以前后步方式站立，以便将整个身体的重量平放到双脚上。双手持机于眼前，眼睛微靠在眼平取景器上取景，如右图所示。

2. 半跪式拍摄姿势

在拍摄时，左腿弓起，左脚脚掌、右腿膝盖、右脚脚尖三个点支地，成三脚架状，形成一个稳定的姿势进行拍摄，如下图所示。

3. 仰角式拍摄姿势

在需要表现被摄对象高耸、挺拔的状态时，往往需要进行仰角拍摄。在进行仰角拍摄时，保持站立姿势将相机指向上方，如左下图所示。有时为了提高稳定性，也可以采用仰卧式拍摄姿势。

4. 倚靠式拍摄姿势

拍摄时可以把身体靠在墙上，或者双腿分开，把背部靠在树干上，借助这些结实而且固定的物体来辅助拍摄，如右图所示。

2.3 有效地使用相机中提供的情景模式

用户在使用数码相机进行拍摄时，可以看到相机上的模式转盘中显示了不同的拍摄模式图标，用户可以转动该转盘快速地进行模式切换（一些卡片机则需要在菜单中进行操作设置）。不同的拍摄模式适用于不同的拍摄场景，大大方便了用户在拍摄时针对不同的场景进行选择，简化了参数的设置过程，适于初级摄影用户使用。

2.3.1 使用自动模式我们都可以偷懒

使用程序自动模式，数码相机在拍摄过程中会自动调整好光圈及快门的组合拍摄参数，但感光度、曝光补偿、对焦距离、白平衡等其他参数用户可根据拍摄要求自行进行设置。自动模式最大的优点便是方便与简单，适合对数码相机不熟悉、不了解的初级用户，利用相机的自动调节功能快速完成拍摄过程。

如下图所示，用户使用程序自动模式进行拍摄，只需要将相机调节到该拍摄模式下，使用取景器选取需要拍摄的对象，此时相机自动调整光圈为F11，快门速度为1/400s，拍摄的画面效果也同样十分精彩。

拍摄参数如下

光圈：F11
快门：1/400 s
ISO：200
曝光补偿：0 EV
焦距：18

提示：

当用户对拍摄画面没有特殊效果的要求时，都可以使用程序自动模式，利用相机自身的调节功能，选择合适的光圈大小与快门速度，快速拍摄出简洁的画面效果。当然，当用户需要拍摄特殊的场景或照片效果时，推荐用户使用手动模式，自行设置详细的拍摄参数后再拍摄。

2.3.2 不要忘了拍人物时可以直接选择人像模式

人像模式也称为肖像模式，此模式常用于拍摄人物相片，如证件照、全家福等。数码相机会自动将光圈调到最大，制造出浅景深的效果。而一些数码相机的人像模式还提供了增强肤色色调、对比度或柔化效果的功能，以突出人像主体。

提示：

在使用人像模式时，拍摄者需注意取景角度和构图比例，使人物对像处于画面中最佳位置。但是如果在室内拍摄，并使用了闪光灯，则应开启数码相机的防红眼功能。

拍摄参数如下

光圈：F2.8
快门：1/250 s
ISO：200
曝光补偿：0 EV
焦距：50

2.3.3 风景模式使远焦景物更清晰

风景模式适合拍摄辽阔的自然景观、城市风光等场景题材。应用此拍摄模式后，数码相机会根据选定的景物自行调整到合适的小光圈以达到大景深的效果使拍摄画面中的每个主次对象内容都显示清晰的视觉效果。在使用风景模式时，如果添加广角镜头，将增加拍摄画面的深度和广度，达到更好的拍摄效果。

拍摄参数如下

光圈：F5.6
快门：1/60 s
ISO：100
曝光补偿：0 EV
焦距：6.33

风景模式时，通常只需注意拍摄的环境光线，例如不要让阳光直射镜头从而避免画面中产生耀斑；拍摄日落景色时，根据光线手动调整白平衡即可使拍摄的画面显示最佳的色彩效果。

2.3.4　运动模式拍摄动态画面不会模糊

运动模式用于在拍摄对象快速移动时进行拍摄。数码相机自动将中央的对焦点跟踪拍摄主体，随后使用其他对焦进行跟踪对焦，用所能达到的最短曝光时间捕捉拍摄主体的瞬间动作。在使用运动模式时，建议用户拍摄体育竞技场景或一些快速移动的人或物体，可以达到较好的拍摄效果，画面清晰不模糊。

下图拍摄运动中的猴子，由于日光较为强烈，因此在高速快门的情况下，仍可以达到很好的曝光效果，并显示清晰的画面效果。

提示：

用户在使用运动模式进行拍摄时，如果对暗处的运动物体进行拍摄，由于快门速度过快，因此常常需要开启闪光灯来提高拍摄时的进光量，使照片达到满意的亮度效果。

拍摄参数如下

光圈：F5.6
快门：1/1000 s
ISO：100
曝光补偿：0 EV
焦距：6.33

2.3.5　夜景模式让晚上的风景也迷人

当用户需要拍摄美丽的城市夜晚、夜色下的幽静画面时，可以使用夜景模式进行拍摄。夜景模式采用慢快门的方式来延长曝光时间，从而使画面记录下更多的景色。

拍摄参数如下

光圈：F3.5
快门：1/8 s
ISO：100
曝光补偿：0 EV
焦距：6.33

下图拍摄燃放的烟花，拍摄时延长曝光时间，同时借助三脚架，将燃放的过程记录下来，美丽的烟花轨迹被摄入画面中。这样的方法适用于所有的夜景拍摄，可以将夜景更好地呈现在画面中，而避免画面模糊现象的发生。

拍摄参数如下

光圈：F3.5
快门：30 s
ISO：100
曝光补偿：0 EV
焦距：6.33

一些数码相机还为用户提供了夜景人像模式，在使用夜景人像模式时，数码相机会在按下快门的同时开启闪光灯，照亮画面中前景人物主体。在拍摄夜景时最好使用三脚架，防止因曝光时间过长拍摄者持机抖动而造成画面模糊。另外拍摄夜景人像时还需要注意目标和闪光灯之间的距离，避免出现前景目标过亮、背景过黑的现象。

2.3.6 表现细节部分用微距模式来体现

微距模式用于特定的微距拍摄，用户可以使用该模式拍摄近距离的花草、昆虫等对象的特写镜头。在使用微距模式时，用户要尽可能地缩短拍摄距离，以镜头的最近对焦距离对准拍摄主体。拍摄的画面可达到主体突出、细节微妙的视觉效果。

如下图所示，用户使用微距模式拍摄蒲公英花朵，可以清晰地看到蒲公英绒毛般的白色种子，使用微距效果使拍摄主体更加精致微妙，起到突出强调的视觉效果。

提示：

在微距拍摄模式下，要注意拍摄目标和数码相机之间的距离，应保持在使用数码相机所能提供的最短微距拍摄距离（如1cm或2cm），否则会出现无法对焦的问题。而且拍摄时还应注意光源，保证目标不会出现太暗的情况，为了使拍摄对象显示出清晰的视觉效果，用户同样可以借助三脚架进行拍摄拍摄。

拍摄参数如下

光圈：F3.5
快门：1/40 s
ISO：200
曝光补偿：0 EV
焦距：6.33
白平衡：自动

2.3.7　高感光度模式提高照片拍摄亮度

在高感光度模式中，相机会增加拍摄的进入光线。在较暗条件下拍摄，感光度增加以减少由相机震动或拍摄对象移动而造成的模糊，有效地捕捉场景的气氛。根据拍摄对象的亮度， 高感光度模式会自动调整感光度数值到合适的大小。高感光度模式与夜景模式相似，但所预设的感光度值更高，拍摄时快门会在数秒后关闭并获得足够的曝光。

拍摄参数如下

光圈：F8.0
快门：1/45 s
ISO：1600
曝光补偿：0 EV
焦距：7.6
白平衡：自动

提示：

因为高感光度模式与夜景模式颇为相似，因此在使用中也基本相同。高感光模式对防抖的要求几乎是所有模式中最高的，在拍摄时尽量使用三脚架。另外，注意目标和闪光灯之间的距离，避免出现前景目标过亮的问题。

对比上面两幅照片可以看出，左侧的照片在自动模式下进行拍摄，由于拍摄时自然光线不足，因此拍摄画面较暗。而右侧照片使用高感光度模式进行拍摄，在拍摄中自动调整感光度到较高的数值，此时可以看到拍摄画面显示很明亮的视觉效果。

2.3.8　视频拍摄记录有声音的图像文件

视频拍摄模式用于记录连续的有声音的画面内容，用户可以使用其拍摄有声音的视频短片，记录一生中最难忘美好的时刻（如结婚、生日等喜庆场面）。

在使用视频拍摄模式时，用户需要将数码相机上的模式转盘转到“视频模式”下（或通过菜单选择该模式），如左图所示。之后，相机显示屏上会显示可拍摄的时间与待机提示信息，按下快门键即可进行拍摄。在拍摄过程中用户可以移动镜头切换拍摄对象，再次按下快门键完成拍摄。

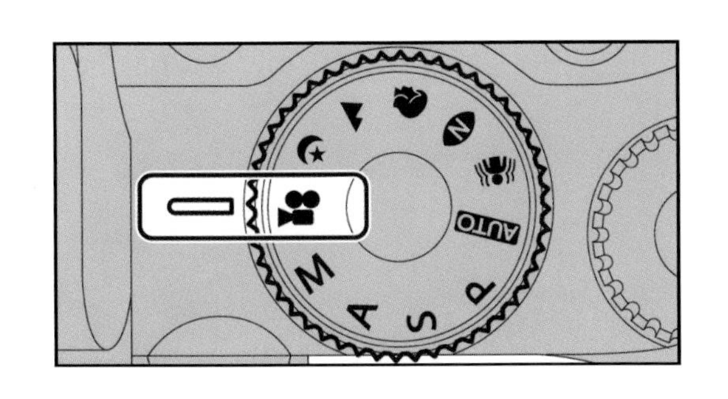

视频拍摄注意事项:

- **保持画面的稳定**。在拍摄的过程中忌左右摇晃，不断改变镜头焦距也会导致拍摄画面的不稳定性。
- **设置合适的ISO感光度**。在室外拍摄，应尽可能地将ISO感光度设置到最小，如果在室内拍摄则可以将ISO感光度设置在ISO 400左右（部分控噪比较好的机型可以设置到ISO 800），ISO过大画面颗粒感会过于明显，而ISO如果过小画面则很可能漆黑一片。
- **选择测光模式**。在逆光和明暗反差比较大的状态下，应选择使用点测光模式，或使用中央重点测光模式替代。在拍摄的过程中，如果发现画面过白或者过黑，则可以调整测点控制画面的明暗度效果。
- **足够的存储卡**。由于拍摄影像文件比照片文件更占内存，因此在拍摄前应保证存储卡有足够大的存储空间。以索尼T系列为例，如果以640像素×480像素的分辨率、30帧/s的模式录制短片，1GB容量的存储卡只能录制约12min20s左右的视频短片，因此要想长时间拍摄短片，需要准备大容量的存储卡。
- **注意光线的方向**。除拍摄特定的主题外应尽量使用顺光或侧光进行拍摄，并不要对准强光源进行拍摄。

3 深入使用数码相机

用户在使用数码相机进行拍摄的过程中，如果想更好地表达需要拍摄的对象，使其按拍摄者的意愿突出拍摄的最终效果，则需要在拍摄的过程中对其中的各项参数进行设置。初次使用数码相机的用户可能会简单地认为，只要把相机对着需要拍摄的物体，把它放置在取景器或显示屏中按下快门即可完成拍摄了，这样的结果只是形式化地记录下了拍摄的死板画面。当用户需要表达或突出画面的拍摄效果时，可以在拍摄的过程中对相机的白平衡、感光度、景深大小等多项参数内容进行设置，并充分利用闪光灯或三脚架等辅助工具来完成拍摄。

3.1 在不同光线下学会使用不同的白平衡模式

白平衡是摄影领域里一个非常重要的概念，通过它可以解决色彩还原和色调处理的一系列问题。白平衡是随着电子影像再现色彩真实而产生的，在专业摄像领域白平衡应用得较早，现在家用电子产品（家用摄像机、数码照相机）中也广泛地使用，技术的发展使得白平衡调整变得越来越简单容易，用户在理解白平衡时，也可以简单地认为白平衡的调节就是实现摄影机图像使其精确反映被摄物色彩状况的过程。

在传统摄影里几乎没有白平衡这个概念。现在的拍摄过程中，为使摄影系统能在不同的光照条件下得到准确的色彩还原，增添了数码相机的白平衡设置功能。在拍摄照片时，需要选择合适的白平衡模式，才能拍摄出具有正常颜色效果的画面。

3.1.1 什么是白平衡

许多人在使用数码相机进行拍摄的时候会遇到这样的状况：在使用日光灯做光源的房间里拍摄的影像发绿，在使用钨丝灯（电灯泡）做光源的条件下拍摄出来的影像偏黄，而在日光阴影处拍摄到的照片则莫名其妙地偏蓝……导致上述问题出现的原因就在于数码相机的“白平衡”设置不正确。

1. 白平衡与色温的概念

白平衡，英文名称为White Balance。字面上的理解是“白色的平衡”。

白色是指反射到人眼中的光线由于红、蓝、绿三种色光比例相同且具有一定亮度而形成的视觉反应。

由于拍摄物体的颜色会因投射光源的光线颜色产生改变，即在不同光线场合下拍摄出来的照片会有不同的色温。这里先解释一下什么是色温。

“色温”即光源“色品质量”的表征。光源的色品质量，也就是光源光的“色相”倾向的“饱和度”。可以简单理解为色温越高，光越偏冷；色温越低，光越偏暖。

等量的红色、绿色和蓝色构成白色

例如以钨丝灯（电灯泡）为照明光源的环境中拍出的照片可能发黄、偏暖，其色温高；而以日光灯为照明光源的环境中拍摄的照片则可能发白、偏冷，其色温低。人的眼睛是可以自动修复这种色温偏差的，在我们肉眼看来不会察觉出物体受光线影响而产生的偏差；但是对于数码相机的眼睛——感光器件CCD（电荷耦合）元件而言，它没有办法像人眼一样自动修正光线的改变，所以就会记录下这一色偏。

右图中拍摄的天空云朵，可以看到明显的偏色倾向，整张照片画面偏黄。这种现象的产生是由于相机的白平衡（色温）设置错误导致的。因此可以得出结论：当照片色温设置不当时，会产生严重偏色的结果。

2. 白平衡的作用

为了使照片的色调与人类眼睛看到的真实颜色相一致，数码相机需要对拍摄环境中光线色温不同造成的色偏进行修正，而这一过程即称为白平衡。设置白平衡就是对拍摄环境的光源属性进行设置，使最终拍出的照片色偏现象减少或消除。

如左下图所示主光源是白炽灯，使用自动白平衡进行拍摄，此时图像上白色的部位偏黄。当用户适当调整白平衡后，可以看到头巾的颜色显示出正常的白色效果。

注意观察调整白平衡后头巾的颜色变化

因此，在数码摄影中如果能保证白色还原正确，则其他颜色也就基本能正确还原，否则就会出现偏色。为了能让DC拍摄出的图像色彩与人眼所看到的基本一致，就需要使用“白平衡”来调整——白平衡就是数码相机对白色物体的还原。

3.1.2　自动模式下的白平衡场景

自动白平衡通常为数码相机的默认设置，相机中有一结构复杂的矩形图，它可决定画面中的白平衡基准点，以此来达到白平衡调校。自动白平衡的准确率是比较高的，但是在特殊光线下拍摄时，也存在偏色的问题。

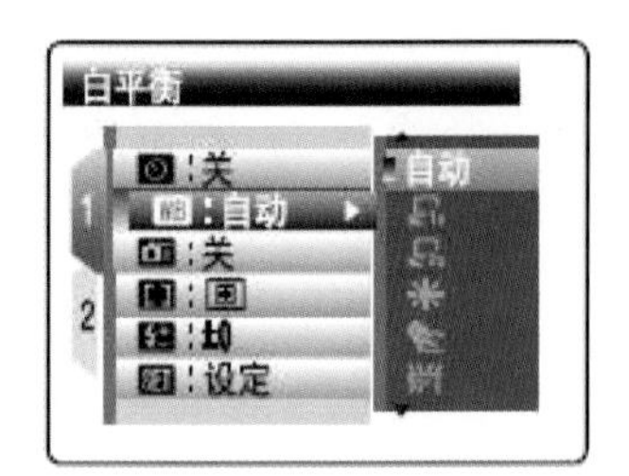

对于数码摄影的初级用户，在使用数码相机时，可以直接使用相机提供的自动白平衡功能。打开文件菜单，在“白平衡”设置相关选项中，设置其为“自动”即可，如左图所示。

在日光条件下拍摄，一般色温会偏低，即照片发黄（红）。使用自动白平衡后，拍摄出正常的蓝天、白云、草原。如下图所示，可以看到此时的蓝天、白云色彩对比很强烈，并且白云显示正常的白色效果。

提示：

自动白平衡较为方便，但是在多云天气下，许多自动白平衡系统的效果则不太理想，可能会导致整体画面偏蓝。

拍摄参数如下

光圈：F5.6
快门：1/500 s
ISO：100
曝光补偿：0 EV
焦距：8

3.1.3 选择不同的分挡白平衡场景

白平衡可按光源种类和色温值进行分类。现在大多数数码相机都是按光源种类进行分类。一般数码相机提供的分挡设定平衡有多种模式，适应不同的场景拍摄，如，户外场景或夜景白平衡、阴天白平衡、钨光白平衡、荧光白平衡、白炽灯白平衡等。拍摄时只需将拍摄时的光源种类和相机上的白平衡挡位相吻合，就可拍出较为准确的色彩。

下面分别以日光白平衡、荧光白平衡、室内白平衡、钨光白平衡下拍摄的早晨天空来对比照片的颜色效果。

1. 日光白平衡

日光白平衡适合日光下使用，通常在无其他照明光源的晴朗天气下使用。而左下图中拍摄时间为早上日出时的天空，因此拍摄的画面效果偏黄，但显示较为真实的色彩效果。

2. 荧光白平衡

适合在荧光灯下做白平衡调节，因为荧光的类型有很多种，如冷白和暖白，因此有些相机不只一种荧光白平衡调节，用户可以根据拍摄场景选择合适的荧光白平衡模式。如右下图所示，使用荧光白平衡拍摄的照片整个色调偏紫。也可使用该模式拍摄特殊的效果。

3. 室内白平衡

也称为多云、阴天白平衡，适合把昏暗处的光线调置原色状态。并不是所有的数码相机都有这种白平衡设置，一些制造商在相机上添加了这些特别的白平衡设置，使用户的拍摄更为方便。从照片中（左下图）可以看出大大高于实际色温，画面偏黄。

4. 钨光白平衡

钨光白平衡也称为“白炽光”或者“室内光”。使用该模式拍摄的画面笼罩着浓重的蓝色调，大大低于实际色温。

因此钨光白平衡一般用于由灯泡照明的环境中（如家中），当相机的白平衡系统知道将不用闪光灯在这种环境中拍摄时，它就会开始决定白平衡的位置，不使用闪光灯在室内拍照时，常使用这个设置。

3.1.4 学习如何手动设定标准的白平衡

用户除可以使用自动白平衡，分档设定白平衡来调整拍摄时的白平衡效果外，对于专业的数码相机，还为用户提供了精确设定白平衡的模式（手动设定模式）。

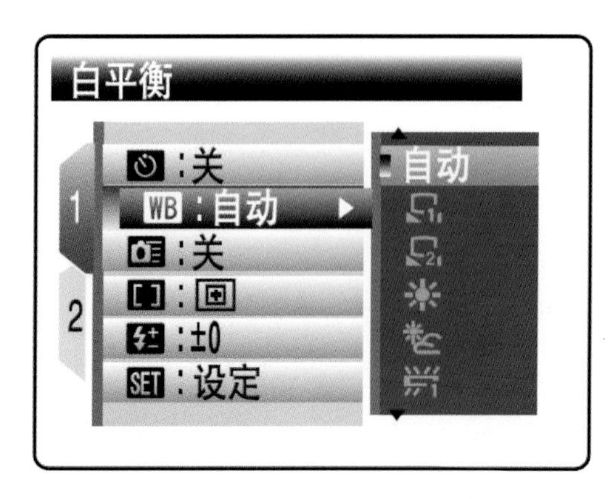

如左图所示，在白平衡设置菜单中（图中为富士SEC9600相机的设置菜单），用户选择“自定义”选项，即可进行自定义白平衡效果的设置。

提示：

当需要相对图像中的环境自然光或人工照明设定白平衡时，也可以使用该功能进行设置，达到特殊的效果。

换一个思路来了解手动设定白平衡的方法，数码相机的镜头可以对着任何景物来调整白平衡。大多数情况下使用白色的调白板（卡）来调整白平衡，是因为白色调白板（卡）可最有效地反映环境的色温。手动设置白平衡功能，从原理上讲，只要参照物不带任何偏色，就可以让相机得到最好的基准数据，获得最佳白平衡还原。

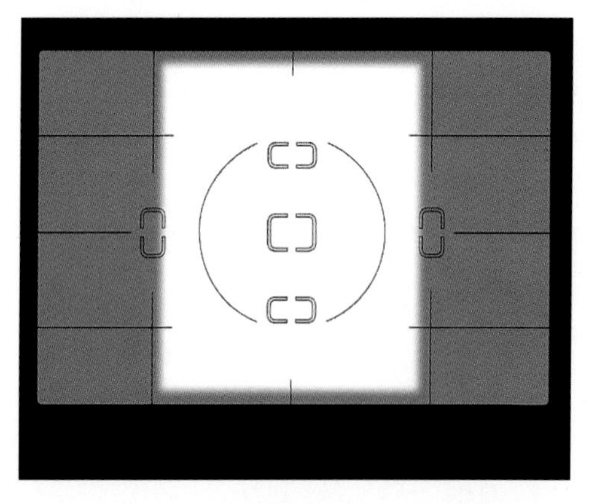

占取景器2/3大小

手动白平衡设置使用灰色物体（如灰板）或白色物体（如灰板的背面）面积应至少占据取景器2/3大小，如左图所示。

手动设置白平衡不需要相机对参照物聚焦，可以把相机改为手动对焦模式，把镜头设置为无限远对焦，或是拿一个名片简单凑在镜头前完成手动设置，使相机调整到正常的白平衡效果。

教你一个小方法：

一般来说，用户需要给相机指出白平衡的基准点，即在画面中哪一个“白色”物体作为白点。那么怎样确定“真正的白色”呢？解决这种问题的一种方法是随身携带一张标准的白色的纸，拍摄时拿出来比较一下被摄体就行了。这个方法的效果非常好，在没有白纸的时候，让相机对准眼球认为是白色的物体进行调节。而另一些要求较高的用户，则会选择标准的灰板作为基准参照物。如柯达专业灰卡，它的灰色一面用于标准测光之用，另一面是标准白色，用于白平衡校正。很多影楼专业用户都使用灰卡，摄像行业的用户也一样使用。

下图为手动调整白平衡后，在室内暗光下拍摄的首饰照片，可以看到手饰珠宝仍显示出原本的颜色效果。

拍摄参数如下

光圈：F3.5
快门：1/13 s
ISO：400
曝光补偿：0 EV
焦距：60

3.2 如何选择不同的曝光模式

“曝光”的英文名称为Exposure，曝光模式即计算机采用自然光源的模式，通常分为多种，包括：快门优先、光圈优先、手动曝光、AE锁等模式。照片的好坏与曝光量有关，也就是说应该通过多少的光线使CCD能够得到清晰的图像。曝光量与通光时间（由快门速度决定）、通光面积（由光圈大小决定）有关。

用户在进行拍摄时，需要灵活应用不同的曝光模式进行拍摄，使照片达到满意的效果。在拍摄照片时，用户需要正确使用曝光量，从而拍出明暗效果满意的照片。

3.2.1 使用曝光设置功能前，先了解什么是光圈与快门

曝光量的设置是光圈与快门的组合，下面首先介绍什么是光圈与快门。

1. 认识光圈

光圈开启的大小和快门速度共同决定数码相机感光元件接受光线的多少，也共同决定了数码照片的曝光值。如左下图所示，即为数码相机镜头中的光圈结构。

光圈类似于人类瞳孔的结构，通常采用多片结构，可以很轻松地关闭和打开，如右下图所示。光圈的一般表示方法为“字母F+数值”，例如F5.6、F4等。

光圈越大，单位时间内通过的光线越多，反之则越少。这里需要注意的是，数值越小，表示光圈越大，进光量也越大。

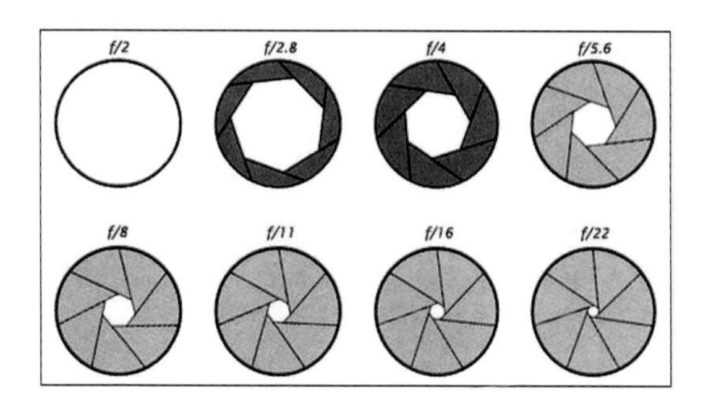

使用大光圈拍摄花朵，可以达到背景虚化、突出主体的视觉效果。

提示：

光圈的大小除了决定拍摄的曝光量外，还有一项重要的作用，就是决定画面的景深，大光圈相比小光圈而言，能产生浅景深的画面效果（景深知识可参见3.4小节）。

拍摄参数如下

光圈：F2.8
快门：1/160 s
ISO：100
曝光补偿：0 EV
焦距：6.33

如下图所示，当用户减小光圈拍摄植物时，景深大，可以看到画面中从近到远的植物都是实的。

拍摄参数如下

光圈：F8
快门：1/50 s
ISO：100
曝光补偿：0 EV
焦距：21.6

2. 认识快门

相对于光圈来说，快门的定义就很简单了，也就是允许光通过光圈的时间。快门用数字表示，例如1/30s、1/60s等，常见的数码相机快门速度由快到慢范围为1/3000~10s（快门速度的设置只有在提供了手动设置功能的数码相机中才能使用）。数值结果越大，快门越快，曝光时间越短，光圈也相应地增大，如右图所示。

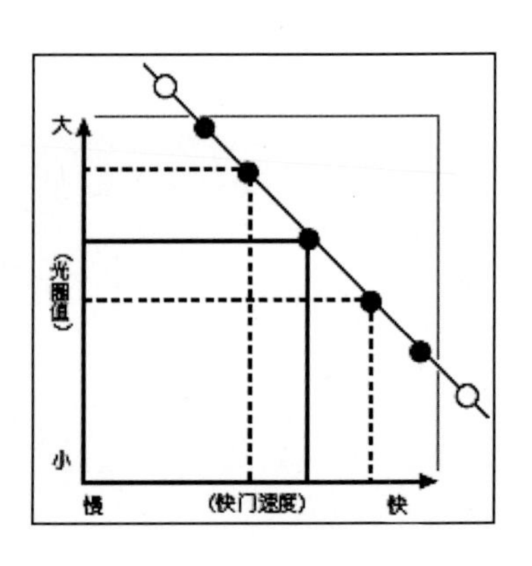

下图为在高速行驶的汽车上拍摄的车窗外美丽的高原景色，由于汽车行驶较快，为了拍摄清晰的画面效果，因此需要使用较高的快门速度。此照片即在运动模式下拍摄，从拍摄参数可以看出快门速度达到1/1000s，此时光圈也相应地增大。

拍摄参数如下

光圈：F5.6
快门：1/1000 s
ISO：160
曝光补偿：0 EV
焦距：10

光圈和快门组合便形成了曝光量，但在曝光量一定的情况下，这个组合并不是唯一的。例如测出正常的曝光组合为F5.6、1/30s，如果将光圈增大一级也就是F4，那么此时的快门值将变为1/60s，这样的组合同样也能达到正常的曝光量。不同的组合相同的曝光量，拍摄出来的图片效果却是不相同的。

如左图所示，由于拍摄的为静态物体，因此快门速度要求不高，用户使用自动模式拍摄，快门速度为1/13s，光圈也相应地自动减小。

拍摄参数如下

光圈：F2.8
快门：1/13 s
ISO：400
曝光补偿：0 EV
焦距80

3.2.2 光圈优先与快门优先自动曝光模式

AE（Auto Exposure，自动曝光）模式中重要的两大模式分别为光圈优先AE式和快门速度优先AE式。下面为用户详细介绍这两类模式的拍摄效果与使用方法。

1. 光圈优先AE式

光圈优先AE式是由拍摄者人为选择拍摄时的光圈大小，由相机根据景物亮度、CCD感光度以及人为选择的光圈等信息，自动选择适合曝光所要求的快门时间的自动曝光模式，也即光圈手动、快门时间自动的曝光方式。这种曝光方式主要用在需优先考虑景深的拍摄场合，如拍摄风景、肖像或微距摄影等。

如左图所示，由于拍摄的为静态小饰品，因此选择光圈优先模式，由相机根据景物的亮度等信息，自动选择快门时间进行曝光拍摄，可以看到拍摄的照片显示浅景深效果，突出强调主体对象。

拍摄参数如下

光圈：F3.5
快门：1/40 s
ISO：200
曝光补偿：0 EV
焦距：60

2. 快门优先AE式

快门优先AE式是由拍摄者决定快门的速度，然后数码相机根据环境计算出合适的光圈大小。所以，快门优先一般用来拍摄运动的物体。例如拍摄下落的水滴，如果快门速度只有1/100s，那么拍出来的水滴一定是模糊不清楚的，当快门速度达到1/1000s，就能拍到清晰的水滴。高速快门还能有效地减少用户在拍摄时由于相机抖动造成的画面模糊现象。相反地，如果用户需要表现动态的画面效果，则可以降低快门速度，将拍摄对象的运动轨迹记录在照片中。

如下图所示拍摄的烟花，为了使拍摄的烟花达到放射的视觉效果，因此在拍摄的过程中，使用快门优先模式，降低快门的速度，即减慢了曝光时间，此时光圈自动调大，拍摄的烟花呈美丽的放射效果，记录瞬间的美丽过程。

拍摄参数如下

光圈：F5.6
快门：2 s
ISO：125
曝光补偿：0 EV
焦距：7

提示：

用自动曝光模式在大多数光线下都可以拍出不错的效果，但严格地说，自动曝光的设置并非在任何光线条件下都可以完美地完成曝光控制，它也有一些自身的缺陷，由于所拍物体处于不同的环境光线下，因此如何正确控制曝光显得至关重要。闪光灯、反光板等自然非常有用。

左图拍摄画面中，主体对象中上方的人物由于处于运动状态，因此拍摄的画面呈现模糊效果，但背景与静止的人物仍保持清晰效果，画面真实自然。

拍摄参数如下

光圈：F5.6
快门：1/20 s
ISO：200
曝光补偿：0 EV
焦距：7

3.2.3 手动调整曝光补偿值

正确使用曝光补偿是对光线不足的最好补偿，使相机能拍出高质量的图像来。曝光值（Exposure Value，EV）是由快门速度和光圈大小共同决定的特殊参数。

曝光值、光圈大小与快门速度之间具有下面的相互关系：

曝光值=光圈+快门

现在的数码相机一般均提供曝光补偿功能，曝光补偿值用“±数字EV”来表示。调节范围一般在±2.0EV左右（一般数码相机的曝光补偿值的步长是1/3EV，有些是1/2EV）。一些较好的数码相机还具有自动曝光包围拍摄（AEB）功能，也就是在用户自己设定的自动曝光补偿的步长下，连续拍摄3～5张照片，让用户从中挑选出效果最接近实物的来。

如下面拍摄雨后的花朵，为了突出使用曝光补偿值增强画面亮度的效果，用户在拍摄时分别设置在相同快门与光圈参数的条件下，曝光补偿值分别为-0.7EV、0EV、+01EV进行拍摄，对比不同曝光值拍摄后的画面效果。

手控曝光模式每次拍摄时都需手动完成光圈和快门速度的调节，这样的好处是方便摄影师制造不同的图片效果。如果需要运动轨迹的图片，可以加长曝光时间，把快门加快，曝光增大（很多朋友在拍摄运动物体时发现，往往拍摄出来的主体是模糊的，通常就是因为快门的速度不够快）；如果需要制造暗淡的效果，快门要加快，曝光要减少。虽然这样的自主性很高，但是很不方便，对于抓拍瞬息即逝的景象，时间更不允许。

如下图所示，用户在手动模式下调整曝光补偿值为+0.7EV，此时可以看到拍摄的蜜蜂较为清晰，但由于花朵本色为白色，在增加曝光补偿的情况下，花朵颜色显得过分明亮。因此在进行拍摄时，需要注意调整到合适的曝光补偿范围进行拍摄。

拍摄参数如下

光圈：F3.5
快门：1/200 s
ISO：100
曝光补偿：+0.7 EV
焦距：70
白平衡：自动

3.3 调整感光度ISO

数码相机中的ISO值是用来衡量胶卷或图像传感器对光线敏感程度的标准。数码相机中感光部分的元件是图像传感器，同胶片感光一样，采用ISO的标准来衡量对光线的敏感程度。ISO数值越大，最后成像中的颗粒状就越明显。使用数码相机拍摄出来的照片中产生的颗粒感就是平时所谓的数码噪点。如下面两张照片所示，用户在拍摄时调整了不同的感光度ISO值来测试拍摄画面的清晰程度。

使用ISO200的感光度进行拍摄，可以看到照片画质较好，并且画质较为细腻。

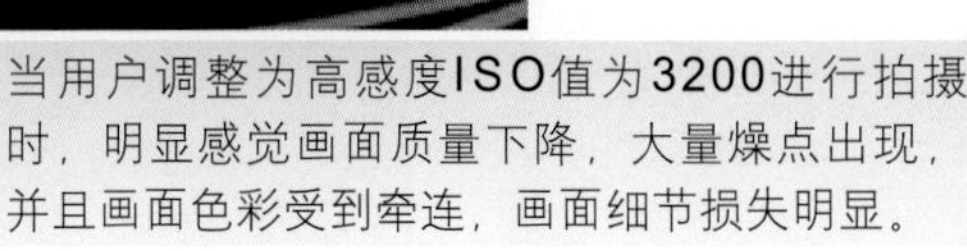

当用户调整为高感度ISO值为3200进行拍摄时，明显感觉画面质量下降，大量燥点出现，并且画面色彩受到牵连，画面细节损失明显。

提示：

感光度越高，画面颗粒就越粗糙，感光度越低，画面颗粒就越细腻。一般常用的是ISO100，这个感光度适合大多数的拍摄需求，其画面质量也在可以接受的范围。市面上能买到的数码相机常提供的有ISO50、ISO100、ISO200、ISO400、ISO800，某些数码相机还有ISO1600、ISO3200的设定值。

3.3.1 自动调整感光度

数码相机为用户提供了ISO AUTO功能，即自动调整感光度功能。允许相机自动改变ISO设定，因此摄影者只需设定所需的光圈和快门，或选择合适的拍摄模式，然后让相机自动提高或降低感应器的感光度即可。

提示：

在拍摄过程中，用户可以在显示屏中查看相关拍摄参数，当用户对物体进行对焦并半按快门时，可以看到在显示屏中将显示当前拍摄参数，通常显示在显示屏右上角，如以ISO80形式标识即表示当前拍摄画面感光度为80。

如左下图所示，在ISO设置菜单界面中选择“自动”选项，即可看到在级联菜单中提供了多种不同的感光度参数，选择“自动”选项，即可设置自动调整感光度功能。自动调整的感光度将控制在相机的ISO范围内。

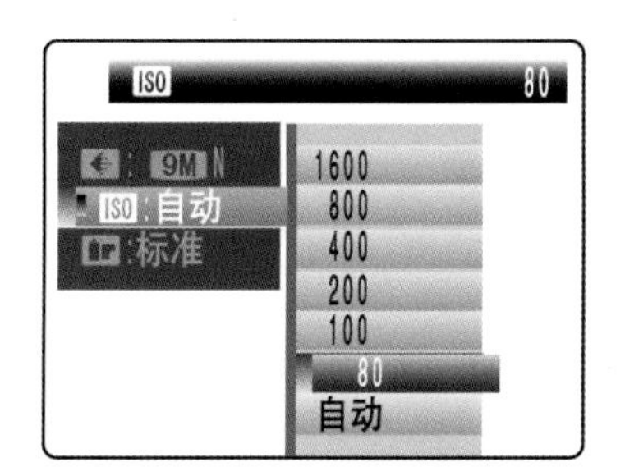

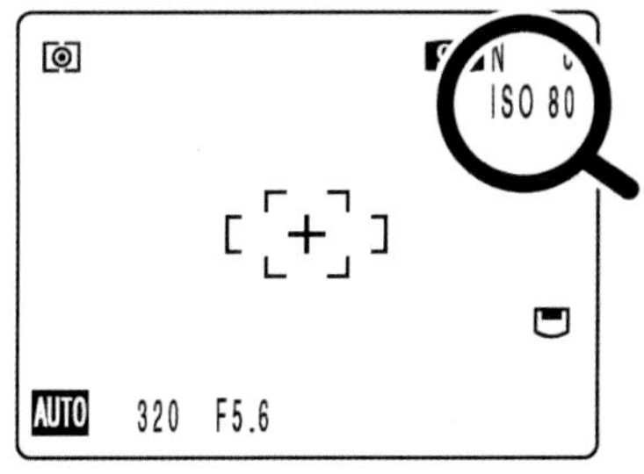

自动调整感光度

左图所示为自动感光度模式下拍摄的照片，由于拍摄光线较好，因此使用相机默认的ISO100感光度，拍摄的画面较为清晰，画质较为细腻。

拍摄参数如下

光圈：F1.8
快门：1/30 s
ISO：100
曝光补偿：–0.3 EV
焦距：50

3.3.2 手动设置感光度

在特定情况下，摄影者需要设定相机曝光。当光照量发生变化时，例如夜晚的舞台使用灯光进行照明时，摄影者可以采用改变光圈或快门速度以获得理想的拍摄效果。还可选择另一办法，即改变拍摄感光度ISO，来手动改变数码相机的电子系统灵敏度，拍摄出在暗光条件下明亮的照片效果。

在数码相机中，ISO代表着CCD或者CMOS感光元件的感光速度，ISO数值越高说明该感光材料的感光能力越强。感光度越高，对曝光量的要求就越少。ISO 200的感光速度是ISO 100的两倍，换句话说在其他条件相同的情况下，ISO 200所需要的曝光时间是ISO 100的一半。因此通过调节等效感光度的大小，可以改变光源的多少和图片亮度的数值，感光度也成了间接控制图片亮度的数值。

下面首先为用户介绍感光度与画面质量的对应关系，如下表所示。

感光度设置	低感光度	高感光度
画面细节锐度	高	低
色彩饱和度	色彩艳丽	色彩失真
噪点现象	轻微	严重
偏色情况	不偏色	偏色
层次过渡	过渡均匀	过渡生硬
画面反差	大	小

如下图所示，用户在拍摄舞台场景时，由于光线较暗，因此需要手动调整照片的感光度，在相机菜单中进行选择设置即可，但用户需要注意的是，在提高感光度的同时，尽量保证画面的清晰度，减少噪点，以获取最佳照片效果。

拍摄参数如下

光圈：F3.5
快门：1/50 s
ISO：200
曝光补偿：0 EV
焦距：28.6

教你一个小方法：

在光线不足时，可以使用闪光灯来提高拍摄画面的亮度。但是，在一些场合下，例如展览馆或者表演会，不允许或不方便使用闪光灯的情况下，可以通过调节ISO值来增加照片的亮度。数码相机ISO值的可调性，使得我们有时可通过调高ISO值、增加曝光补偿等办法，减少闪光灯的使用。但在提高感光度的同时，照片的画质也会相应地降低，因此用户需要在拍摄的过程中选择最为合适的感光度。为了获取较好的照片，用户可以在拍摄同一对象内容时，手动调整不同的感光度进行试验，来对比不同感光度下的照片拍摄效果。

3.4 景深效果的控制与调节

当镜头聚集于拍摄对象时，被摄物体与其前后的景物有一段清晰的范围，这个即为景深。在前面光圈知识的介绍中，用户了解到光圈是决定画面景深的重要因素之一。当光圈越大时，画面景深则越浅；相反地，当光圈越小时，画面景深则越大。

在拍摄照片时，影响景深的三大要素分别为光圈、对焦距离及镜头的焦距。

- 光圈大小：光圈的大小是控制景深的最重要因素。光圈越大，光圈数值越小，景深越浅；光圈越小，光圈数值越大，景深越大。
- 对焦距离：与拍摄对象焦距越近，景深越浅；与拍摄对象焦距越远，景深越大。
- 镜头焦距：焦距越长，景深越浅；焦距越短，景深越大。

3.4.1 调整光圈大小可突出景深效果

在拍摄过程中，针对相机的拍摄对象，用户调整光圈大小，拍摄两张不同的照片，可以看出在不同光圈大小下，画面中的景深效果也是不同的。

如下面两幅图所示，当使用大光圈进行拍摄时，画面主体与背景都显示清晰的视觉效果，而当用户减小光圈进行拍摄时，画面中的背景则达到很好的虚化效果，突出了主体对象。

拍摄参数如下

光圈：F11
快门：1/40 s
ISO：100
曝光补偿：0 EV
焦距：21.6

拍摄参数如下

光圈：F3.8
快门：1/250 s
ISO：100
曝光补偿：0 EV
焦距：21.6

3.4.2 调节镜头焦距突出不同拍摄对象

照片的影像效果需要使用对焦来进行调整，只有正确调整镜头，使照片的拍摄主体达到突出的表达效果时，才能使照片达到拍摄者要求的效果。否则，拍摄者在构图和其他创造上的投入价值也不能得到体现。在学习如何利用数码相机的焦距来拍摄不同景深效果的照片前，首先需要了解调焦的相关概念。

在使用数码相机时，镜头实际只能对某一距离进行准确对焦，并且只有一个清晰的平面，在这个平面之前或之后的所有点从技术上来说都不在焦点，并且离焦点平面越远越不清晰。

如下图所示，用户在拍摄过程并没有准确对焦，因此拍摄的花朵呈模糊效果，但有时也需要刻意地制造这类效果。

对焦失败的照片，有时却也能达到一种特殊的视觉效果。

拍摄参数如下

光圈：F3.5
快门：1/100 s
ISO：100
曝光补偿：0 EV
焦距：6.33

下面来了解在相同场景中，选择不同对焦对象拍摄的照片效果，如下图所示。

对于浅景深的照片来说，用户在拍摄时选择不同的对焦对象，拍摄的效果也将大不相同。如下图所示，将三个不同的玩偶放置在一条线上，设置拍摄参数相同：光圈F5.6、快门1/40s、ISO400、曝光补偿0 EV、焦距70。

对焦对象在左侧，效果清晰
模糊
模糊

模糊
对焦对象在中间
模糊

模糊
模糊
对焦转移到右侧

3.4.3　调整对焦距离达到不同景深

为了使照片达到不同的景深效果，用户还可以采用调整相机焦距的方法进行拍摄。如下面两幅图所示，当用户拍摄全面对象内容时，由于所有对象均位于画面中，拍摄时所有对象呈清晰效果。拍摄第二张照片时，调整焦距使位于前面的对象成为对焦对象，此时可以看到位于后面的拍摄对象显示虚化的视觉效果，从而显示更好的画面景深效果。

使用远焦距大光圈，所有对象呈清晰效果

拉近焦距，对焦选中前面的对象，此时画面显示浅景深效果

3.4.4　我们需要获取最大或最小的景深效果

景深可用来掩饰或柔化画面中的物体，使照片中不同对象显示清晰或模糊的视觉效果。为了达到拍摄者的要求，在拍摄时可以根据需要调整最大或最小景深，从而达到不同的拍摄效果。

1. 把景深增加到最大限度

为了使拍摄的照片整个画面都达到清晰的效果，用户需要将景深进行延伸，通常在拍摄时将镜头光圈开设到较大的范围，再进行取景对焦拍摄。在这种情况下，照片会看起来更清晰，所有照片内的对象内容都达到清楚的效果。

拍摄参数如下

光圈：F11
快门：1/60 s
ISO：100
曝光补偿：0 EV
焦距：6.33

放大照片，仍可以看到拍摄对象的清晰视觉效果

教你一个小方法：

当镜头调焦在无限远时，景深靠近相机一侧的最近极限被称为超焦距。当镜头用某一挡光圈调焦在超焦距上时，景深范围为该距离的1/2至无限远。应用超焦距是获得最大景深或控制影像清晰范围的最快捷方法。

2. 把景深减少到最小限度

在拍摄时，每个摄影家都需要将作品创作出对焦清晰的照片，但在某些时候，也需要拍摄出相反的效果。例如突出画面中某个焦点，其余对象模糊。通过将景深减少到最小，则可以将构图中所需要强调的东西进行控制，显示最小的景深效果。

如下图所示，当用户在拍摄植物时，采用小光圈进行拍摄，并且被摄体离镜头非常近，因此相机对近处的对象进行对焦，拍摄画面中焦点后面的背景看上去几乎模糊不清。

拍摄参数如下

光圈：F3.5
快门：1/40 s
ISO：100
曝光补偿：0 EV
焦距：6.33

提示：

使用微距模式用小光圈进行近距离对焦拍摄，是最简单有效并能达到减少景深效果的方式。除此之外，用户还可以使用望远镜头进行拍摄，将中等距离的被摄体与背景突出显示清晰与模糊的对比效果。

3.5 测光的方法与实践

现在市场上的数码相机都配备了完善的测光系统，用户在拍摄时相机会根据拍摄对象自动测量拍摄现场的曝光值，使相机获取正确的曝光。通常情况下，数码相机为用户提供了三种不同的测光方式：点测光、中央重点测光、平均测光（不同的相机品牌可能会定义不同的名称）。

常见相机图标	名　称	测光方式	使用范围
	点测光	只对拍摄者指定的、面积较小的一部分对象区域进行测光	通常用于高水平拍摄，突出主体曝光量
	中央重点测光	着重于中央区域，再对整个画面取平均值	适用于广大的拍摄者，为常用的测光模式，满足大部分拍摄情况的需要
	平均测光	着重于焦点对应的区域，同时对其他区域进行大体平均的测光	用于拍摄全影或主体位于画面中央主要位置的照片

如左图所示，拍摄者使用点测光对画面中的露珠进行定点对焦，并增开闪光灯突出露珠晶莹效果，点测光使主体曝光更加准确，突出画面主体效果。

拍摄参数如下

光圈：F5.6
快门：1/80 s
ISO：100
曝光补偿：0 EV
焦距：6.33

下图拍摄大片盛开的黄色花朵，由于画面中没有特别的主体，因此使用平均测光模式，对画面中大面积区域进行测光，拍摄出光照效果更为均匀的画面。

拍摄参数如下

光圈：F11
快门：1/80 s
ISO：100
曝光补偿：0 EV
焦距：45

3.6 充分利用连拍与自拍功能

在拍摄照片时，为了满足用户在不同情况下的拍摄需要，通常数码相机还为用户提供了连拍与自拍功能。使用连拍功能时，用户可以在瞬间捕捉多张画面，自拍功能则常用于将拍摄者自己放置于所拍摄的画面中。本节将分别为用户介绍这两个拍摄功能。

3.6.1 选择连拍次数抓拍瞬间变化画面

数码相机为了方便用户连续捕捉多张照片内容，通常为用户提供了连拍模式。当使用该拍摄模式时，可以在按下快门的同时，自动根据选定的连拍次数抓拍多张图片，连拍模式常用于下面的拍摄场景中。

1. 拍摄连续动作

如体育活动中的腾空、跳跃、翻转等，使用连拍功能可以捕捉到多张漂亮的运动瞬间画面。

2. 拍摄高速运动的物体

如拍摄赛车、火车、汽车等，使用连拍功能，在对象经过的前后一段时间内，连续拍摄一组照片，用户可以从中选中满意效果的理想照片。

3. 多张连拍照片合成动画效果。

使用多张连拍照片通过后期处理与合成，在同一画面内反映拍摄对象的神态和活动，将更具有表现力且生动丰富。

通常的相机都为用户提供了每秒三张的连拍功能，如下面的三幅图所示，用户将1s内狗的跳越运动状态抓拍下来，画面十分精彩。

提示：

在使用连拍功能时，由于拍摄速度较快，因此用户需要注意在拍摄时的对焦情况，通常使用运动模式或程序自动模式加连拍功能进行拍摄。

3.6.2 设置定时自拍

当用户需要在拍摄画面中将自己也包含在其中，则可以使用相机的自拍功能。通常的数码相机都为用户提供了自拍功能，用户可以根据需要选择合适的自拍定时。

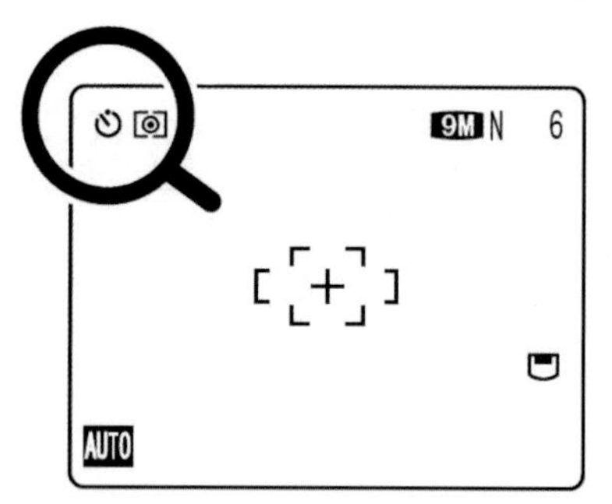

使用自拍功能时，用户应首先根据对象取景，再在相机菜单中开启自拍功能，此时显示屏中将显示自拍图标，如左图中所示。按下快门，相机开始倒计时，并在指定时间完成拍摄。

提示：

使用自拍功能可以将自己圈划到喜欢的景色之中。同时在拍摄夜景时如果用户未携带三脚架，但由于快门速度较慢，为了避免拍摄过程中持机时手的抖动，用户可以将相机放置于固定的平台，再使用自拍功能定时进行拍摄，此时拍摄的画面就可以尽量避免因抖动造成的模糊。

3.7 附件的使用

在拍摄的过程中，用户除了可以设置相机自身的参数来达到更好的拍摄效果外，还可以使用拍摄附件来完善照片的拍摄质量。常用的附件有闪光灯及三脚架。使用闪光灯可以增强拍摄画面的亮度，使用三脚架则可以增强拍摄时的稳定性，保证画面更加的清晰。

3.7.1 使用闪光灯突出对象

在拍摄过程中好的光线能使物体具有层次，让画面变得饱满，但是很多时候仅有现场的光线是不够的，此时我们可以借助一些辅助光源如闪光灯来进行拍摄。闪光灯所发出的光线是瞬间释放且连续不断的强烈光线，在拍摄过程中，可以使用闪光灯来突出强调所要拍摄的对象。下面针对不同的拍摄对象，为用户介绍使用闪光灯的几点技巧。

1. 微距拍摄要减光

当用户对近距离对象进行拍摄时，由于距离拍摄物很近，因此使用闪光灯则会导致曝光过度，此时可以进行减光处理后再拍摄。

下面关闭与开启闪光灯对比拍摄三张照片。第一张为未开启闪光灯拍摄的画面，第二张为开启内置闪光灯拍摄的画面，可以看到拍摄对象呈明亮效果。第三张照片在拍摄时用手遮住闪光灯，减少光线的输出强度，拍摄的画面感觉较为柔和。

未开启闪光灯，画面较暗

使用强闪光灯使拍摄对象更明亮

减弱闪光灯光线，画面更柔和

教你一个小方法：

在使用闪光灯对具有反光性的物体进行拍摄时（例如玻璃、各种电脑板卡），会在物体上产生亮斑，破坏画面的和谐。这个时候可以适当调整数码相机的拍摄角度，如从侧面进行拍摄，这样就能避免产生亮斑。

2. 逆光拍摄时适当补光

当用户在进行逆光拍摄时，主体与背景的反差很大。如果只对主体进行曝光，背景必然曝光过度，而正常还原了背景，主体又曝光不足，此时可使用闪光灯进行补光。在对逆光物体进行补光拍摄时，能兼顾主体和背景，照片的背景还原正常，主体也可以得到很好的表现。

3. 慢速闪光

在夜晚拍摄人像时通常会使用闪光灯，直接打开闪光灯拍摄人像，人物还原正常了，但背景却很暗，此时可以使用慢速闪光功能。用较长的快门时间，以闪光灯照亮主体，再配合慢快门体现背景效果。也可以在手动模式下设定较长的曝光时间，达到同样的效果。

3.7.2 使用三脚架拍摄高清画面

三脚架的作用就是使拍摄更加稳定、没有抖动，从而使拍摄的画面更加清晰，因此在拍摄夜景等需要长时间曝光的照片时，三脚架的作用就相当重要。当然，三脚架也可以广泛地应用于所有照片的拍摄中，使照片显示更清晰的视觉效果，完成更好的拍摄。

如左下图所示，在拍摄晚上的路面时，拍摄者使用了三脚架来稳定相机，可以看到拍摄的画面十分清晰，公路上行驶的汽车模糊效果是由于快门速度过慢而导致拍摄下了其快速运动的状态。

如右下图所示，在拍摄夜晚的路面时，由于未使用三脚架，在夜景模式下使用慢快门进行拍摄，画面由于手的抖动而显示模糊的效果，除运动的物体外，画面中的其他对象也呈不清晰效果。

使用三脚架应该注意以下几点。

- 注意把握三脚架重心。三脚架的侧脚，尤其是中央轴，不是十分必要的话，不要升得太高。升得太高必定会造成重心稳定性的下降，风大时应当特别注意。
- 增强三脚架的稳定性。三脚架一般有三节，多数人在调节高度的时候喜欢用最上面的两节，而把最下面的一节收起来。其实从稳定性的角度来说是错误的，应该把三脚架第二节，也就是中间那节收起，用第一节和第三节支撑。这样，三脚架的稳定性会有所增加。
- 注重中心轴的调节。在用三脚架时，把侧脚的每节完全伸出后锁死，升到一定高度后，通过调整中心轴来进行高度上的调节
- 注意多观察水平装置。如今的三脚架一般都设计了水平装置。这些装置对于我们拍摄构图时十分有用，尤其在拍摄建筑、街景或一些需要横平竖直的景物时，能够帮助我们保证构图的正确性。

4 数码相片的拍摄技术

随着科学技术的不断进步，数码相机已不再是罕有的电子产品。初次使用数码相机，我们会遇到各种各样的难题。如：照片暗淡，欠缺活力、构图欠缺、明暗对比不强烈、景深浅、偏色等。本章将帮助初学者解决这些问题，更好地了解和掌握数码相片的拍摄技术。

在摄影艺术中我们要学会通过镜头去看事物。不同的高度、不同的距离、不同的光线、不同的构图、不同的色彩等，拍摄出来的效果差异很大。掌握数码相片的拍摄技术，将创作出更完美的照片。

4.1 学会构图，让照片与众不同

翻开你的像册，是否发现在一些照片里，你的头顶立了根奇怪的电线杆或是其他尖尖的东西？在这样的照片里，永远找不到你要拍摄的主题；又或是一些照片里你的光辉被前面更大的物体遮住，这就要求我们在拍摄时学会良好的构图。利用镜头把你想要拍下来的东西留下，不需要的东西排除出去。而摄影艺术就是减法，在照片中将多余的对象去掉，留下需要表达的主题对象内容。

4.1.1 了解什么是主体

根据主题思想要求，选择一些有价值的事物，组成摄影画面。在这个画面中，最能直接表现主题思想的事物，我们称之为“主体”。主体可以是人也可以是物，可以是一群人也可以是单个人，可以是一个完整的物体也可以是一个物品的局部，总之主体可以是任何东西。主体既是整个画面的视觉中心，又是趣味中心。主体的作用是阐明主题思想。一幅好的摄影作品，主体要非常明确，使人一目了然。

下图的主体对象为正面角度的红色花朵，其他花草则作为陪体，起到突出衬托的作用。

拍摄参数如下

光圈：F13

快门：1/125 s

ISO：100

曝光补偿：0 EV

焦距：45

4.1.2 了解什么是陪体

在画面中，那些不能直接体现主题思想、仅对主体起一定程度的烘托、陪衬，帮助主体说明主题思想的对象，我们称之为“陪体”或“周围环境”。陪体在画面中运用得当，会给画面增添美感。

4.1.3 如何处理主体与陪体之间的关系

一幅摄影作品，画面中的虚实关系是既对立又统一的。清晰与模糊的对比，是一组互相对立的两个方面，它们之间是相互制约又相互依存的。

主体与陪体的关系在画面中容易分辨，但是在具体处理的时候，就要注意主体与陪体的关系，使画面有变化，更活泼一些。为了达到突出主体、强化主体的目的，在拍摄画面时，我们必须考虑主体与陪体的关系。一张主陪体分辨不清的图片，势必让人觉得眼花缭乱，容易造成画面构图的杂乱无章，又容易使人感到沉闷、不透气。

左图画面中主体与陪体不清晰，画面较为杂乱，为了达到突出主体的效果，应将主体对象作为重点拍摄。

拍摄参数如下

光圈：F13
快门：1/100 s
ISO：100
曝光补偿：0 EV
焦距：6.33

左图将荷塘中的某一朵荷花作为主体进行拍摄，此时主体与陪体关系明确，画面更加简洁。

拍摄参数如下

光圈：F5.6
快门：1/300 s
ISO：100
曝光补偿：0 EV
焦距：45

提示：

对比上下两图，上图中找不到主要拍摄的对象，看起来杂乱，感觉很平淡，像是随手一按快门而成；下图中只有离得最近的荷花是实的，其他对象模糊，主体一目了然。

一张照片中，物体与物体之间总会有大与小、近与远、左与右、高与低等对比，如何处理好这些关系是我们要学习的。按照人眼的视角来看，近处的物体大且高，远处的物体小而低，镜头遵循这个规律的同时还能让这种规律更夸张、更直接地展现出来。实物中的主体与陪体有距离大小之分，我们也可以通过运用长焦镜头拉近它们的距离，也可以运用广角镜头、鱼眼镜头等夸大物体的体积，离镜头近的物体，在画面中显示的体积越大，反之，离镜头越远的物体就越小。照片主体大小与位置的处理方法，就是人们运用视觉和心理上的习惯，对照片内全部可视形象所处的位置，按照人看事物的习惯和美学原理进行构图。

技巧：

通过广角镜头，对桥进行了夸张的描述，增强了透视感，突出了主体，展现了人眼视角看不到的画面。

拍摄参数如下

光圈：F4.0
快门：1/60 s
ISO：100
曝光补偿：0 EV
焦距：24
白平衡：自动

1. 虚化除主体以外的物体

实，是指有实物的地方；虚，是指空白处，模糊的地方。实的部分往往是主体，实体是画面的结构中心，不易被人们所忽视。在欣赏一幅画时，首先看到的总是画面中实实在在的、有棱有角的物体，而后才是相对比较模糊的物体。实主虚陪的效果我们可以通过改变镜头光圈的大小、镜头对焦等方法实现（具体内容请参照第3章）。

拍摄参数如下

光圈：F5.0
快门：1/125 s
ISO：200
曝光补偿：0 EV
焦距：52

提示：

这幅作品是在杂草丛中开出的几朵小花，如果大范围拍摄的话，周围的枯枝就会太过显眼，所以用微距模式来拍摄。

2. 通过体积大小比来突出主体

物体与物体之间存在着大与小、长与宽、高与低、远与近等不同体积的对比。在拍摄的时候，到底什么样的物体该实，什么样的物体该虚，虚又该虚到什么程度？一般是根据所要表达的主题思想而决定的。主体要尽可能拍得真实、清晰，要求做到突出、一目了然。在处理远近关系时，习惯上遵循远虚近实、近大远小的规律，但也有例外的时候。总之，虚实关系的处理，关键是由具体的内容和对象而定。主体大、陪体小，是常见的处理虚实关系的方法。

拍摄参数如下

光圈：F11
快门：1/640 s
ISO：200
曝光补偿：0 EV
焦距：23

提示：

主体在体积上通常比陪体大，一般大且全的物体最能吸引人的注目，为了防止陪体抢夺主体的光芒，在拍摄时可以调整照相机离被摄主体的位置来构图。照相机离主体越近，画面中主体呈现的体积就越大，这就是遵循近大远小的规律。

3. 用色彩突出的方法来强调主体

阳光所产生的光与影、色彩，是决定构图的重要因素。 人类的眼睛容易被风景中特色的形态和线条所吸引，照片需要光的明暗与色彩变化来给人以强烈的视觉印象。所以色彩与线条、形态、光影一样，都是构图时最重要的因素。如果能利用色彩的组合形成对比，就能拍出令人耳目一新的照片。

如左图所示，一大片雪景中，出现一个身穿红颜色服饰的人。跳跃的颜色把人物从众多的物体中突出来，红色就成为了整张照片的看点。人物的出现，打破了图片中的宁静，活跃了气氛。

拍摄参数如下

光圈：F3.8
快门：1/320 s
ISO：自动
曝光补偿：0 EV
焦距：23

技巧：

万绿丛中一点红，这也是突出主体的一种方法。

拍摄参数如下

光圈：F11
快门：1/320 s
ISO：100
曝光补偿：0 EV
焦距：45

4. 利用明暗关系的对比突出主体

由于光线照明条件和不同质地物体的反光率不同，会直接造成影像的明与暗、刚与柔、浓与淡等明暗层次的差异，从而形成不同的影调构成。明亮的物体与灰暗的物体相比较，明亮的物体更能吸引人的眼球。摄影画面中关于黑色空间的处理，就像周围环境一样，也能造成不一样的艺术效果，虽然表面没有形象的直观作用或者没有具体的实质内容，但是黑色空间的功能既是视觉过度，又是画面结构本身。

提示：

风光摄影往往是天地相融，如何处理地平线的位置是照片成功与否的重要因素。

拍摄参数如下

光圈：F7.1
ISO：100
焦距：22
快门：1/160 s
曝光补偿：0 EV

4.2 掌握构图的基本方法

一幅优秀的摄影作品在构图上一定是合理、完美的，所以说构图在拍摄的时候起着决定性的作用。当我们选好题材拍摄时，如果在构图上存在缺陷，就会带来一些遗憾。本节将介绍常用的构图方式，帮助用户在拍摄时创作出更完美的画面。

4.2.1 九宫格构图

九宫格就是把一个画面作横向和竖向的三等分，这样就可以看到九个宫格和四个交叉点。这四个交叉点就是画面的中心点，在拍摄时把主体放在四个交叉点上，如右图所示。

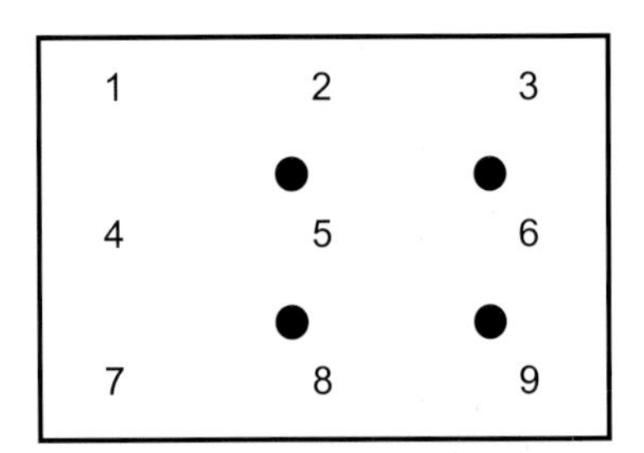

如下图，拍摄者将荷花作为主体对象，同时纳入两朵粉色的荷花，并将其置于画面中九宫格构图的交叉点之上，这样的构图方式使画面更加协调，同时更加美观。

拍摄参数如下

光圈：F7.1
ISO：100
焦距：22
快门：1/160 s
曝光补偿：0 EV

4.2.2　直线构图

线是构成形体的基本元素，按其走向不同，又可分为水平线、垂直线和斜线。在摄影构图中经常会利用直线条的走向来拍摄，以线带动面的形式来表现画面，常给人一种方向感和纵深感。

1. 垂直线构图

画面中所要拍摄的主体属于竖线形态时，一般都会采用竖画幅进行构图拍摄。竖线给人以庄严、崇高的感觉。拍摄树木和瀑布时，若想呈现自然的线条效果，可利用直线上下的延伸感使画面更紧凑，同时改变连续的垂直线的长度，也可以体现出节奏感。

拍摄时使用不同的画幅进行构图，其拍摄效果也不一样。例如下图中同样是拍摄树木，横画幅给人一种压缩、浓密的感觉，竖画幅给人以高大、挺拔的感觉。

横画幅感觉树木多而密，竖画幅树木更高大、威挺

2. 横线构图

横线构图也是水平线构图，在使用横画幅进行拍摄时，借助画面中的横线特征进行构图，通常画面较为简洁。但如果横线用得不到位，也可能把整个画面一分为二，成为两个不相关联的部分。因此，在拍摄构图时，需要合理运用画面中的线条关系。

对比不同位置的横线构图效果

3. 对角线构图

对角线是画面中最长的一条直线，主体所展现的形状是从画幅顶端向画幅底端斜向延伸的，这条斜线将画面分成了两个部分，营造了一种安定感；同时斜线的纵深延伸还能加强画面深远的透视效果。

4. 十字线构图

十字线其实就是竖线与横线交叉而成的，通过对称给人以宁静的感觉。十字线构图划破了地平线或水平线的直线，这种构图给人的感觉通常是严肃、端庄。

4.2.3 三角形构图

三角形是由三条线段相交构成的图形。按照边长的不同又可分为等边三角形、锐角三角形、直角三角形。在生活中，通过一种无形的点与点的连接，就能构成三角形。三角形构图是最常见的，也是运用最多的一种构图方式。三角形在结构上非常牢固，因此三角形构图能营造出安定感，给人以强大稳定、无法撼动的印象。

拍摄参数如下

光圈：F3.5
ISO：100
焦距：18
快门：1/15 s
曝光补偿：0 EV

4.2.4　地平线构图

拍摄宽广的高原、海面、日落日出的风光照片时，画面中总会遇到地平线位置的相关问题，把地平线放在整个画幅的三等分线上，就能拍出具备高度平衡感的照片。

拍摄参数如下

光圈：F8.0
快门：1/80 s
ISO：100
焦距：21
曝光补偿：0 EV

4.2.5　曲线构图

曲线不同于折线，它是弯曲而圆润的线条。曲线在形式上富于变化、活泼，在构图时利用曲线在透视上的变化，能把远处的景物更自然地表现出来，而且还会给画面增添活泼的形式感。

拍摄参数如下

光圈：F8.0
快门：1/80 s
ISO：100
曝光补偿：0 EV
焦距：21

4.2.6 对比、对称构图

对比、对称构图，常用于突出主体，可以表现出紧张感和寂静感。将拍摄对象明确地分出主次关系，使其互相形成对比，在突出主角，表现出紧张感和沉稳感的同时，又能给照片带来戏剧性。既可以让同一个拍摄对象相互对比，又可以让完全不同种类的拍摄对象形成主次关系。

左图中湖面上水车的倒影与岸上的水车形成对比。

拍摄参数如下

光圈：F10
快门：1/200 s
ISO：100
曝光补偿：0 EV
焦距：29

4.2.7 黄金分割构图

古希腊著名数学家毕达格拉斯在他进行数学运算时发现了黄金律，之后人们普遍认为这种比例运用在造型艺术中是最有美学价值的。因此在拍摄照片时使用2:3、3:5、5:8比例进行构图，画面可以更加协调完美。如下图拍摄的画面中，将小船作为主体置于黄金分割点上。

拍摄参数如下

光圈：F10
快门：1/200 s
ISO：100
曝光补偿：0 EV
焦距：29

4.3　角度决定拍摄的画面视野

在不同的角度观察同一个物体，高度不同视角也大不相同。摄影也是这样，同一个物体，站在不同的角度去观看，所呈现的形状大不相同。每一个物体都有最美的一面，摄影要求我们找到最合适的角度去拍摄，把物体最美的一面展示给观众。

4.3.1　适合拍摄人物的相机高度

在拍摄人物时，为了避免人物发生畸变，相机的高度也是很重要的一门学问。在拍摄半身人像时，照相机的高度最好等同于被摄者胸部的高度；拍摄全身人像时，照相机的高度最好等同于被摄者腰部的高度；当拍摄近景人像或头部肖像时，照相机的高度应等同于被摄者眼睛的高度。这样拍出的人物没有明显的透视变形现象，并且更自然。

左图拍摄全身像，拍摄者将相机置于与被摄者腰部平等的高度，并采用平角度进行拍摄，将人物整体形象摄入，可以看到画面中的人物较为自然，同时突出了人物的神态特征。

拍摄参数如下

光圈：F8.0
快门：1/160 s
ISO：200
曝光补偿：0 EV
焦距：70

机位过低或过高，画面中的人物都会不成比例，失去平衡。在个别情况下，还可以利用拍摄高度的取舍稍微修正被摄者的形象。例如，脸型瘦长的人，可以利用稍仰的拍摄角度使他显得略胖一点；腮部稍胖的人，可以通过稍俯的拍摄角度使人物显得略瘦一点。不过，这种修正也是有限的。在拍摄中利用稍仰或稍俯的角度进行拍摄，可以制造不同的造型效果，但需要掌握适当的分寸，以避免歪曲了人物的形象。

4.3.2 树立高大形象的仰摄

仰摄就是低角度拍摄。它是在正常的高度以下向上拍摄，被摄物体在纵向上被拉伸，从而带来一种崇高、敬畏的视觉效果。仰摄在透视上的变形也会产生视觉冲击力，增添画面的张力。

左图中直入云霄的经幡，竖画幅构图加上低角度的仰拍，给人一种神圣、威严的感觉。

拍摄参数如下

光圈：F11
快门：1/640 s
ISO：200
曝光补偿：0 EV
焦距：18

4.3.3 广角效果让画面视野更广阔

根据镜头的视角，不同的镜头可分为三大类。标准镜头拍出的影像与人眼看到的相似；与标准镜头相比，望远镜头视角窄，焦距长；广角镜头视角大，焦距短。通常情况下，广角镜头被用来摄入尽量多的场景，拍摄出的画面视野更广阔。在使用广角时，所有离镜头近的事物看上去都非同寻常得大，当人物接近镜头时，会呈现出一种令人发笑的漫画效果。广角镜头使被摄的空间在透视上变得更大。

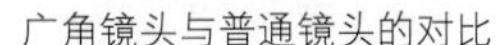
广角镜头与普通镜头的对比

4.3.4　高角度与广角度的结合拍摄

俗话说“站得高，看得远”，高角度俯拍就是利用这个道理。高角度俯拍能更好地展示景物的纵深变化，增加透视的深远感，可以避开取景时挡在镜头前的障碍物。高角度与广角度的结合可以更好地展示纵深的空间距离，纳入画面更多的事物，使视野更宽广，如下图所示。

拍摄参数如下

光圈：F29
快门：1/6 s
ISO：100
曝光补偿：0 EV
焦距：29

4.4　学会使用摄影光源

能发光的物质叫光源，世界上能发光的物质有很多。不同的光源存在着明暗度、方向、色温、饱和度的差异。同一光源在不同时间段的光线也会有差异，比如日光的色温是高色温，而月夜的色温却是低色温。

白光一般是指无色透明的光线，是由红、橙、黄、绿、青、蓝、紫七种色光组成的。长期以来，我们白天在阳光下生活，夜晚在电灯下生活，太阳光跟电灯光是两种不同的光谱成分组成的光，但我们并没有感觉到光线色彩差异，是因为人眼对色彩的适应性很强。但数码相机的感光元件没有色彩的适应能力，因此拍摄前相机的白平衡设置非常重要。

1. 色温

表现白光色度的概念就是色温。色温是利用绝对黑体辐射光的色度和温度关系来标志色度的一种方法。绝对黑体是指能把投射光全部吸收的物体，绝对黑体既不反射光也不透射光。色温用绝对温度K表示。不同色温的光线照在同一物体上，会改变物体色彩的表象。

2. 色光的三属性

● 色相

色相就是色彩的种类。在自然光谱中是红、橙、黄、绿、青、蓝、紫。如下图所示。

● 饱和度

在色光中饱和度是指色光的纯度。是由色光与白光混合的程度决定的，白光含量越多，饱和度越低；相反，白光含量越少，饱和度越高。

● 亮度

在色光中，亮度是指色光的强度。

4.4.1 自然光下的常态拍摄

自然光随着地理位置、季节、时间和天气条件的变化而变化。海拔高度不同，阳光穿透的厚度不同，直射阳光和散射天空的强度也不同。海拔高的地区，直射阳光较强，散射的天空光较弱，景物反差大，天空呈暗蓝色。相反，海拔较低的地区，天空散射光较强，景物相对比较柔和。

在自然光下拍摄时，首先要考虑的是太阳光线投射的方向。选择拍摄时间，即太阳在哪个位置时进行拍摄。一天之中，太阳和地面景物的方位不断变化，它们决定了画面中景物的光影结构、气氛、对比强度和时间概念。

4.4.2 控制光的投射方向

1. 顺光下拍摄人物

顺光又叫平光、正面光。光源从照相机方向照明物体，因此物体上只能看到受光面。背光面和投影被自身遮挡，看不见。物体上没有阴影，受光面只有亮面和次亮面，层次不丰富。在影楼人像中大部分采用顺光拍摄。顺光拍摄人物，能使人物的皮肤显得细腻光滑，容易掌握，容易出效果。

顺光拍摄时，画面中形成的阴影少，鼻梁下面也不会形成影响美观的黑色阴影。

拍摄参数如下

光圈：F2.9
快门：1/600 s
ISO：100
曝光补偿：0 EV
焦距：100

顺光常用于表现清晰柔和、洁净光泽或苍白无力、缺乏生机的题材。在拍摄时除了学会更好地应用光线的方向，同时也可以将形和线等条件相结合进行构图拍摄。形状和线条是对象的外在轮廓，充分利用光线投射在对象上的阴影效果，根据被摄体的形状特征进行构图拍摄，可以获取最为生动有趣的画面。

2. 前侧光让静物更安静

前侧光又叫斜侧光。光源投射方向和相机镜头主轴方向在水平面上约成45°。被摄物体大面积受光，较小的面积处于背光面，既能看清全貌又能具有一定的立体感，有强烈的明暗对比效果，能较好地表现质感和形态感。前侧光是摄影艺术中运用较多的光线。用这种光效拍摄静物，可以增添安静、静谧的感觉。

拍摄参数如下

光圈：F11
快门：1/250 s
ISO：100
曝光补偿：0 EV
焦距：24

3. 正侧光突出物体的质感

当光线的投射方向与相机镜头主轴方向在水平面上成90°时叫正侧光。在正侧光照片中，被摄物体受光面和背光面各占一半，投影在一侧。物体看不清全貌，但亮面、次亮面、暗面、次暗面和明暗交界线等却影调显著、层次丰富、立体感强、个性鲜明。正侧光比前侧光更能刻画出被摄物体的轮廓和立体质感，甚至能强化物体表面的质感。

拍摄参数如下

光圈：F13
快门：1/250 s
ISO：200
曝光补偿：0 EV
焦距：80

4. 侧逆光呈现半边强调效果

侧逆光又叫后侧光。光线来自被摄对象的后侧方向。光源投射方向与相机镜头主轴方向在水平面上成135°。被摄物体大部分向光源，受光面呈现为一个较小的亮斑，或勾画出对象的轮廓形态，使之与背景分离，使画面有一定的空间感和立体感。

提示：

当主题需要美化和加强被摄体的形、线变化时，突出其立体形态，可以采用侧逆光拍摄。将侧逆光作为主要的塑型光，可以制造独特的阴影效果。

拍摄参数如下

光圈：F8
快门：1/250 s
ISO：200
曝光补偿：0 EV
焦距：18

5. 逆光拍摄用在特殊情况下让照片更有感觉

逆光，是光源投射方向与相机镜头主轴方向在水平面成180°的光线。被摄物体只能看见背光面而看不到受光面，缺乏立体感和质感，但通常能呈现明亮的轮廓光效果，轮廓形态鲜明。在艺术造型中，逆光能使主体与背景分离，从而更加突出。在环境造型上，逆光能使画面空间感更强。

拍摄参数如下

光圈：F4.5
ISO：100
焦距：26
曝光补偿：0 EV
快门：1/25 s

4.4.3　合理应用免费的自然光源

1. 使用光线造型物体

物体在空间里都有一定的位置并占有一定的空间体积，体积是由面和线构成的，因此正确再现面和线的空间结构是再现立体感的关键。光线是决定物体线、面、明暗调子的重要因素，因此光线是造型的重要手段。

在拍摄中，相机位置的选择、距离、高度、方向、镜头焦距的调节都直接影响着画面线条的透视效果。为了获得强烈的立体感、造型感，物体与物体、面与面之间必须有最大的差别。加强立体造型感的有效方法就是使各个面有不同的影调和色调。在同一光源下，物体各个面接受的照度不同，呈现出的亮度也不相同。但物体各个面的明暗都遵循下面的这个透视规律：近强远弱，近实远虚，近黑远灰等。

2. 控制光线突出质感

对物体质地的判断，是通过人的各种感官实现的。在拍摄中我们可以通过光线营造物体表面来表现质地感觉。

物体表面不同，对光线的反射能力就不同。因此再现不同物体质感时所用的光线要求也不同。

● 光滑表面的再现

在拍摄光滑表面时，由于镜面反射光的原故，因此应避免直射光照明，而应使用大面积的散射光照明。这是由于散射光属于漫散射性光线，光线方向较杂，被射物体上不会形成很多亮斑，而且亮度均匀，可呈现真实的效果。

拍摄参数如下

光圈：F3.5
ISO：400
焦距：6.33
曝光补偿：0 EV
快门：1/20 s

● 粗糙表面的再现

这类物体表面凹凸不平，在不同方向的直射光照下呈现出不同的形态。垂直的直射光照明时，表面的凸起部分与凹下部分都能得到均匀照度，因此不能再现物体表面的起伏不平状态，失去了原有的质感。粗糙表面的物体只有在前侧光照明下，凹凸部分得到不同的照度，才能较好地再现粗糙质感。

拍摄参数如下

光圈：F3.5
ISO：500
焦距：6.33
曝光补偿：0 EV
快门：1/8 s

3. 调节光线质量表现色彩

物体表面的色彩再现与表面结构和光线性质有关。物体表面的色彩受光源色影响，所以光滑的表面在反射角上能看到光源的影像。我们常常看到水面的色彩是蓝色的，就是反射天空蓝色的效果。

视觉对物体色彩的感受，受到光线照度的影响，照度越大或越小，物体色彩饱和度都降低，只有照度适中时，眼睛看到的物体色彩饱和度最大，色彩最鲜艳。

以下三张照片是同一被摄物体在不同照度、不同色彩饱和度下拍摄的对比照片。

5 人像摄影

人像摄影一直是所有摄影门类中最受欢迎的题材。在日常生活中对仅为记录某个时期事件的人来说，他们拍摄的大多数照片是人像。而对于摄影师来说，人像摄影比其他摄影门类有更多的自由，被摄者可以根据你的需要进行移动，摆造型，还可以摆布主题来完成不同视角的拍摄，并可以使用道具。你还可以把被摄体带到你需要的背景前，并说服他们穿上适合的、你想表现的色彩布局或风格的服装。这一切，摄影师拥有更多的控制力。

5.1 调整光线拍摄人物

利用不同的光线，摄影师可以拍摄出不同效果的照片。拍摄女性或者儿童时运用比较柔和的光线来表现女性的阴柔之美。拍摄男性时用强硬的光线来表现男性的阳刚之气。

不同的光线方向可以塑造不同的画面效果，所表现的画面内容也各不相同。下面分别从顺光、侧光、逆光、顶光来分析光线给人像摄影带来的不同表现力。

1. 顺光

在顺光条件下拍摄的人像大部分受到光线的均匀照明，不会在人物脸上形成鲜明的明暗对比，色彩还原比较真实，画面色彩也较饱和。其缺点就是人物缺乏立体感和层次感，也不利于质感的表现。顺光比较适合拍摄小景别（特写和近景），它可以具体地表现人物的每个细节和层次，而且比较直观。

拍摄参数如下

光圈：F5.6
快门：1/13 s
ISO：100
曝光补偿：0 EV
焦距：50

提示：

顺光适合拍摄儿童和少女，由于顺光照射均匀，使面部没有明暗反差，显得格外柔和，皮肤细腻，光滑富有活力。

2. 逆光

光线在人物的后方，这种光线使人物的正面不能得到正常的曝光，从而失去了人物的细节层次。但是逆光拍摄能勾勒出人物的轮廓，这种效果可以使人物从照片背景中脱颖而出，对于体现动作和形体极为有利。逆光拍摄明暗反差大，富有立体感。

逆光拍摄只适合中景以上的景别，比如全景或远景。因为这样的景别除了能够体现人物的体形外，还能够对环境进行一定程度的反衬，从而丰富画面的内容。

提示：

逆光拍摄对曝光可欠、可过，但是要注意控制在+1或者-1级以内，而侧光以区域评价测光为宜。

拍摄参数如下

光圈：F5.6
快门：1/400 s
ISO：100
曝光补偿：0 EV
焦距：48

使用逆光拍摄剪影效果时，光线投射的角度越低，拍摄的剪影效果越明显。相反，光线的投射角度越高，拍摄的剪影效果就越不明显。所以拍摄时间应选择在日落或者清晨，这时拍摄的剪影效果最佳。而其他时段的光线或其他环境光拍出的逆光效果，则不是纯剪影效果。

拍摄参数如下

光圈：F8
快门：1/400 s
ISO：100
曝光补偿：0 EV
焦距：10

3. 侧光

侧光是人像摄影中常用的光线之一。侧光分为正侧光、前侧光、侧逆光三种。

- 正侧光

正侧光从人物的侧面投射，使人物面部一半亮，一半暗。因此正侧光也被称为“阴阳光”。这种光线效果往往在突出人物性格和塑造强烈造型时有很好的表现力，能很好地表现被拍摄对象的质感和立体感。

使用侧光拍摄时一定要注意少用硬光，这是因为数码相机的宽容度很低，使用硬光会造成人物处于暗部的面部细节得不到任何体现。使用柔光时，它能在人物面部产生的明暗对比在数码相机的宽容度以内，明暗过渡比较自然。

侧光能够拍摄的景别很多，小景别能够使人物变得更瘦。大景别所能体现的感觉更加强烈，如果能够很好利用光线所产生的投影，会使画面的表意效果更加强烈。

左图拍摄时光线从人物的左侧照入，在脸部形成明显的阴影，增强了脸部的轮廓感，画面效果更突出。

拍摄参数如下

光圈：F2.8
快门：1/5 s
ISO：10
曝光补偿：0 EV
焦距：100

● 侧逆光

侧逆光是从侧后方照亮人物面部的某一点，使之在逆光中呈现某种质感，而这种光线并不会影响人物正面细节的刻画。侧逆光拍摄时，景别最好选择近景或者特写之类的小景别，这样用侧逆光来表现时会显得比较充分和生动。

侧逆光拍摄时，如果测光点在人物的面部某一个亮光点，曝光一定要过一级左右，才能保证人物的面部细节不被掩盖。

提示：

侧逆光做主光拍摄时，要注意主体和背景光线的大反差会带来曝光的不准确，所以此时要在主体上选择好测光区域，同时可以将曝光补偿调为-1/3～-2/3档。

拍摄参数如下

光圈：F18.0
快门：1/40 s
ISO：100
曝光补偿：1.6 EV
焦距：32

● 前侧光

前侧光在人物的面部能产生明暗对比，并照亮人物的大部分，光线的过渡感较强，比较适合人物的造型。使用前侧光拍摄，可以使人物转向光源的方向，这样人物面部的立体感会增强，而且最好是使用柔光，才能使光线的过渡更加自然。在测光时，应选择人物面部明暗的过渡区域进行测光。这样才能得到人物面部的所有层次。

拍摄参数如下

光圈：F5.6
快门：1/400 s
ISO：200
曝光补偿：0.7 EV
焦距：48

● 顶光

顶光一般很少用于人像摄影中，如果我们合理利用顶光效果也会不错。顶光拍摄时，我们可以让人物向光源的后面移动，并将头迎向光线的方向，拍摄的效果会不同。顶光拍摄时，让人物躺在地上比站立拍摄的效果要好很多，若需要通过亮度表现光感，曝光如果过度一些，效果更好。若是在正午拍摄时，使用能够透光的白色遮挡物使光线柔化，效果会更佳。

提示：

在强光下拍摄，都要避免光线直接照射在镜头上，以免产生光斑。左图就是产生了光斑的照片，很大程度上，光斑破坏了照片的美感。只要用遮光罩或者其他物体在镜头前方沿光线照射来的方向遮挡一下就可以。

拍摄参数如下

光圈：F18.0
快门：1/40 s
ISO：100
曝光补偿：1.0 EV
焦距：32

5.2 我们可以这样拍摄成人

人像摄影中，成人是相对比较容易拍摄的对象。他们可以根据摄影师的需要，自由地移动位置，变换造型和服装。摄影师也可以根据不同的角度来获得理想的画面效果。

5.2.1 变换多个角度来拍摄

拍摄人像，不同的拍摄角度会表现出人物不同的特质，也会引起观者不同的心理感受。因此拍摄角度的选择也是非常重要的。所以在选取角度前，要先了解每个角度拍摄出来的特点。

1. 正面

一般来说，正面的角度不利于拍摄人物，因为这种角度对人物的动作很难把握，既不能太过做作、随意，又不能太僵硬。

正面拍摄构图很重要，不能太满，近景和特写除外。可用留白式构图，使用空间来体现环境，使人产生联想。正面拍摄特写时，应注意人物的表情，摄影者应调动人物的情绪，让其有相应的表情，使画面更加丰富。

从正面拍摄时，应注意光线的灵活运用。选择一些大光比或者弱光比的光线能够避免正面拍摄的缺点。大光比能够体现情感，弱光比拍摄的高调照人物显得更加甜美。

提示：

正面拍摄时应适当地选择拍摄时的仰、俯角度来打破正面角度带来的呆板感觉。

拍摄参数如下

光圈：F5.0
快门：1/5 s
ISO：100
曝光补偿：0.7 EV
焦距：17

2. 侧面

侧面是人像摄影中最常用的角度，这个角度拍摄能很好地表现女性的曲线美。因此，用侧面角度拍摄在大多数的景别中都能得到较好的画面效果。

侧面拍摄时，人物视线方向是很丰富的，直视显得自信，而视线投向远方，向上或者向下都比较漂亮。这主要是根据人物的脸形来决定的。在调整人物视线的同时，还应适当地变换拍摄角度。比如当视线向上的时候，应采用仰拍的角度。

侧面拍摄时还应注意画面空间的分配。横向构图时，不能将人物置于画面的中间，这样的画面显得生硬，环境过多，浪费空间。

提示：

侧面拍摄虽然好处多，但不是所有人都适合侧面拍摄，太胖或者太瘦的人都不适合侧面角度拍摄，应选择60°或45°的斜角度。

拍摄参数如下

光圈：F5.6
快门：1/8 s
ISO：10
曝光补偿：0.0 EV
焦距：28

3. 背面

背面在写真人像中用得较多，是最能抒发情感的拍摄角度。这时的人物已经成为画面中的一种陪衬，通过环境来体现人物的某种情感。

背面的逆光拍摄是写真常用的一种方法。适当地控制光圈和快门速度，使穿透被摄者衣服的光线在画面中形成一种不同的色彩，为画面营造出静谧气氛。

提示：

拍摄空间狭小时，选择背面角度应使构图紧凑，空间开阔时，选择背面角度构图应该更大气一些。

拍摄参数如下

光圈：F4.0
快门：1/640 s
ISO：200
曝光补偿：0.7 EV
焦距：25

4. 低角度

低角度拍摄站立的人物时，人物会显得更加苗条、修长。低角度拍摄人物也会发生变形，与高角度相反，它是上面窄，下面宽。这种变形是随着拍摄者与人物的距离而发生变化的，距离越近，变化越明显。

低角度拍摄坐着或躺着的人物时，还能烘托环境气氛，增加一些前景，加深主体与环境的融合度。

提示：

低角度拍摄时尽量少使用长焦镜头，这种镜头的取景范围一般很小，画面的变化往往是局部的，因而显得更加明显。

拍摄参数如下

光圈：F3.5
快门：1/1000 s
ISO：500
曝光补偿：0.7 EV
焦距：18

5. 平视角度

平视角度是人像摄影中最直接的，也是最常用的拍摄角度。它符合人们日常的观察角度。这种角度拍摄的人物给人一种清纯可爱或性感妩媚或恬静自然的感觉。

提示：

平视角度的拍摄应注意光线、脸形调整和构图变化等因素。

拍摄参数如下

光圈：F4.8
快门：1/800 s
ISO：200
曝光补偿：0.0 EV
焦距：32

6. 高角度

高角度拍摄能激起观者的好奇心并感受到不同的画面效果。它会使画面中的人物变形，上面宽，下面窄，能将人物拍得很瘦。矮胖的人物不适合高角度拍摄，会使人物更矮更胖。当人物仰视照相机时，其视线和表情都比较自然，人物的眼睛显得比较大，有助于表现人物的眼神。

提示：

高角度拍摄时，如果拍摄角度与日常人们观察的角度相同，画面变形就不明显。而构图越是新奇，变形效果就越明显。

拍摄参数如下

光圈：F5.0
快门：1/400 s
ISO：200
曝光补偿：1.0 EV
焦距：38

高角度拍摄通常拍坐着或躺着的人物，这时人物不会产生变形。一般拍摄高角度的特写和近景时，最好选用中焦镜头或长焦镜头，它能保证人物的真实展现。而在拍摄全景或远景时，可以选用广角镜头，来体现空间感。但广角镜头在拍摄站立的人物时会发生严重变形。

拍摄参数如下

光圈：F5.0
快门：1/400 s
ISO：200
曝光补偿：1.0 EV
焦距：38

5.2.2 不同光质拍摄人物

不同光质的使用所达到的画面效果也是不同的，所要表达的人物性格和情感也各不相同。

1. 柔光拍摄

柔光是指人物表面不会产生明显明暗对比的光线形式。人像摄影中，柔光经常用于拍摄女性，可以突出人物的柔美、皮肤的质感。在外景拍摄时，需要选择合适的拍摄场景，利用环境对光线的散射使光线变得柔和。

柔光适合拍摄中景，小景别的构图更能突出人物皮肤的质感。柔光的光比应该控制在1:2左右，柔光拍摄曝光可以过半级到一级，使人物皮肤更加白皙透明。

拍摄参数如下

光圈：F2.8
快门：1/200 s
ISO：200
曝光补偿：0.3 EV
焦距：100

2. 硬光拍摄

硬光是指在景物表面能够产生明显明暗对比的阴影光线形式。硬光最大的特点是能产生明暗阴影，难点是控制画面明暗的反差和画面的光比。因此硬光很少用来拍摄女性。

提示：

硬光拍摄时应注意如何通过环境来强化造型效果，这就要考虑不同的环境对光比的控制。还可以增强画面的反差，用光线来"讲故事"，硬光在用光线来表达某种情感要比其他光线更强烈、更深刻。

拍摄参数如下

光圈：F2.8
快门：1/200 s
ISO：200
曝光补偿：0.3 EV
焦距：100

5.3 高调与低调拍摄人像

不同影调可以为给画面带来一定的氛围，对拍摄者所要表现的主题有重要的影响。

1. 高调

高调画面中除了人物是低色调，其他部分都是高色调。它给人一种纯净、恬静、通透、明快、自然的感觉。拍摄高调人像时，人物应尽量穿着浅色的服装，白色较为合适。

高调拍摄时，用逆光比较方便，只要人物得到最准确的曝光，就会拍出高调的效果。在利用自然光拍摄高调照时，最好的地方是窗户边。拍摄者可以根据需要获得合适的光源，调整人物的位置，从而得到柔和或强烈的光线形式。

拍摄参数如下

光圈：F9.0
快门：1/125 s
ISO：200
曝光补偿：0.3 EV
焦距：100

2. 低调

低调就是画面整体比较昏暗，只有人物相对比较明亮。它给人的感觉多种多样，可能是孤独、寂寞或个性、独特等。

提示：

低调拍摄时，人物在穿着上局限性较小，但最好是穿着深色的服装。采用侧逆光最合适，这种光线不仅可以勾勒出人物的轮廓线，还可以突出表现人物的某一点，使画面变得更加平衡。在曝光上最好选择主体中的最亮点，曝光可以稍微过一点，使画面细节也能够可见。

拍摄参数如下

光圈：F2.8
快门：1/200 s
ISO：200
曝光补偿：0.3 EV
焦距：100

5.4 如何让儿童照拍出你满意的效果

给儿童拍照是一件令人愉快的事情，儿童天真可爱、生性好动，却不善解人意。要拍得生动活泼也是不容易的事。因此，儿童摄影经常使用抓拍或摆拍的方法来拍出儿童生动的画面效果。

5.4.1 抓拍孩子们丰富的面部表情

儿童的表情非常丰富，在抓拍儿童时需要创造一种和谐宁静、赏心悦目的气氛和环境，让孩子处于最自然的状态，才能得到更多的天真童像。一般来说，户外儿童摄影运用抓拍的手法比较有优越性。抓拍需要有敏锐的观察力和准确的判断力，才能拍出更多美妙的瞬间。

拍摄参数如下

光圈：F3.6
快门：1/56 s
ISO：200
曝光补偿：0.0 EV
焦距：6.3

5.4.2 使用道具进行摆拍

道具能增强画面的生动性。摆拍一般要精心挑选场地，设计构图效果，摄影者还需要引导儿童，让其流露出自然的表情，使画面达到理想的效果。

给孩子拍摄时，令他们感觉到舒适和蔼的气氛非常重要，在最自然的状态下进行拍摄，记录最真实的画面。

拍摄参数如下

光圈：F3.2
快门：1/50 s
ISO：100
曝光补偿：0.3 EV
焦距：8.6

5.5 拍摄人物的第二张"脸"——手

手在人像拍摄过程中也是构成画面的元素之一。尤其在拍摄特写和坐姿的时候，手的位置显得极为重要，可以引导观众的视线。用得恰当可以为画面增色，用得不好会成为画面中的累赘。

左图在拍摄时，将人物的手部纳入画面，人物脸部与手部的呼应使画面更加协调。

拍摄参数如下

光圈：F5.3
快门：1/25 s
ISO：200
曝光补偿：0.3 EV
焦距：1.3

5.6 拍摄心灵的窗户——眼睛

人物的眼神在画面中的意义非常重要，眼神的变化会影响到画面意义的传达。所以拍摄人物近景或特写要善于通过眼神的调整和变化来体现一种全新的感觉。不同的视线方向表达的人物情感也各不相同，比如视线向前会表达出平静、自信的感觉。

提示：

观众在观看人物照片时，除了人物动作以外，最关心的就是表情，表情是可以由眼神带动的，所以在拍摄时应注意眼神的表达。

拍摄参数如下

光圈：F5.6
快门：1/5 s
ISO：100
曝光补偿：0.0 EV
焦距：55

6 生态主题摄影

生态摄影涉及的范围很广，从植物摄影到鸟类、昆虫以及成群的野生动物写真等。它们除被用于商品广告之外，还常用于教育出版物、杂志、专业性刊物等（展览）作为相关资料。对于一些爱好与欣赏大自然的人来说，生态主题摄影也为其提供了不断提升拍摄技巧的源动力。

6.1 使用辅助器材来进行生态拍摄

在专业生态摄影的领域，传统胶片相机耐摔防震防潮的能力远远超过数码相机。但数码相机有着更多的优势，如数码相机的高倍变焦镜头在价格上比传统的要便宜很多，因此可以帮助初学者更好地使用微距功能练习动植物的拍摄技巧，特别体现在静态花卉或昆虫的拍摄上，可以有效地拍摄出具有更多细节的画面。

在拍摄微距花卉、昆虫时，需要一个重量轻且稳固的三脚架。除此之外，闪光灯对于近距离拍摄补光也有很大的帮助，因为户外拍摄花卉时，常有微风干扰，我们就可以借闪光灯的光照，采用小光圈来改善景深，快速捕捉动态下的画面。

6.2 拍摄日出日落

摄影表现的是光与影相结合的艺术效果，在日出日落时，太阳光线角度较低，光线柔和并呈现出暖色调效果，整个画面充满着诱人的魅力。日出、日落是生态拍摄中较为壮美的拍摄类型之一，并具有很高的欣赏价值，是广大摄影爱好者所喜爱的拍摄题材。

6.2.1 选择拍摄地点

拍摄日出日落首先应确定拍摄地点，不管是在野外，还是在城市拍摄日落日出，都应该选择在比较开阔，视野较广的地点。

在野外拍摄时选择地势较高的拍摄点，比如高山上，同时使用从高往下的拍摄视角，这样就可以避免在取景时，近处和地面上多余的物体遮挡太阳。通常拍摄逆光下层峦叠嶂后的旭日东升，可产生层次丰富的效果。如果在城市中拍摄，则可以选择一个比较高的楼，与在野外高山上拍摄具有同样效果，层次也比较丰富。并且高角度的拍摄视点对于改善画面的反差和构图等都有好处。

角度过低造成视线受阻

左图在拍摄时，由于拍摄的地理位置不高，画面中树木遮挡了太阳及天空中的霞光，使画面略带遗憾。

除此之外，当拍摄地点视野较为宽广平坦时，比如在海平面位置或处于一个较大的湖泊边，同样也是拍摄日出日落的绝佳地点。

拍摄参数如下

光圈：F5.6
快门：1/500 s
ISO：100
曝光补偿：0 EV
焦距：23

提示：

因此在选择拍摄地点时，不要形成一种定性思维，只要能够表达出自己的创作意境，不同的拍摄地点会表现不同的摄影画面。地点的选择在拍摄这一类风光性题材时是很重要的，拍摄日出日落的选址得当，就等于成功了一半。

6.2.2　拍摄日出日落时避免中心构图

拍摄日出日落时应避免使用“中心构图”，即不能让太阳正好处于画面中地平线的正中位置。实际上，画面中天空的高光部位要尽量置于画面1/3的底部位置，视觉效果才会更宽广。当前景中包括树或人时，同样能够提高画面的趣味性。在拍摄时可根据需要适当添加人物或树木作为剪影。

左下图中将落日置于画面中心偏右位置，对比右下方照片，当太阳处于画面中心时显得更加死板，此时画面中空间感更大。

拍摄参数如下

光圈：F4.5
快门：1/250 s
ISO：100
曝光补偿：0 EV
焦距：21

在拍摄照片取景构图时，应该将太阳放在画面的趣味点上，并注意前景的选择和处理。在处理前景时，可选择有代表性的物体，如小树、小草、树枝、礁石等，这些前景在逆光的照明下，常常以剪影呈现于画面中，增强画面的纵深效果。

如下图所示，利用前景表现出天空的朝阳景色，前景被处理成剪影的效果，以突出主体与背景受光的差异，画面中主体与前景形成鲜明的明暗对比，增强了画面的纵深效果。

拍摄参数如下

光圈：F11
快门：1/500s
ISO：250
曝光补偿：0 EV
焦距：28

提示：

轻微的曝光不足可以让落日的色彩更饱和。如果你需要更多地保留前景中人或其他物体的细节，则可以尝试补光闪光和夜景模式，这样可以在保留更多细节的同时获得更饱和的色彩。

当太阳出现在画面中时，任何景物都难以取代它的视觉吸引力，这时如果引入恰当的景物作为画面的前景，可以避免照片空洞的形式和重复相似的视觉表达方式。此时，被收入画面的景物虽然只是陪衬，却能很好地营造出画面的气氛，给观赏者创造全新的感受。

左图在拍摄日落时，特意增添了树木作为前景，为照片创造新的视感。

拍摄参数如下

光圈：F8
快门：1/250 s
ISO：200
曝光补偿：0 EV
焦距：150

6.2.3　利用测光拍摄日出日落

刚入门的影友们在拍摄日出日落时，往往会出现曝光不足的问题，这是由于落日发出强烈的点光源导致数码相机测光不准确。为了避免这种情况发生，在测光的时候应该以天空的亮度作为曝光依据。既不能让太阳的强烈亮光直接进入画面，也不能仅由于地面较暗而增加曝光量，因为通常画面中的云霞才是主要表现对象。

当拍摄画面中天空占据了一半以上的比例时，就应以天空为测光对象，保证天空的曝光合适，画面色彩就能还原正常。一般控制在曝光不足0.5~1挡光圈，因为太阳的亮度始终要比天空高得多，如果天空的曝光过于充足，太阳必定严重曝光过度，破坏画面效果。所以在拍摄时最基本的要点是正确测光，保证画面曝光效果正常。在具体处理时，我们宁可曝光略微不足，也不宜曝光过度。

如左图所示，当天空作为主要表现对象时，应以天空的亮度作为曝光依据，否则画面会产生曝光不足或者过度。

拍摄参数如下

光圈：F6.3
快门：1/40 s
ISO：500
曝光补偿：0 EV
焦距：18

拍摄以水面反光为主要景观的日出场景时，应以水面的亮度为准。一般来说，水面倒影的景观由于光线经过折射以后要损失1挡左右。如果采用手动模式进行拍摄，假定以天空的亮度测光为依据，光圈F5.6，快门速度 1/60s，那么拍摄水面的反光时就应在此基础上开大1挡光圈，或者是放慢1挡速度拍摄。如果直接对水面测光进行拍摄，常常会造成天空部分曝光过度。

如左图所示，拍摄时以水面亮度为侧光依据，让湖面的色彩和影调得到更完美的效果。

拍摄参数如下

光圈：F8
快门：1/100 s
ISO：100
曝光补偿：0 EV
焦距：20

提示：

拍摄时要注意保护眼睛，尤其在采用长焦镜头拍摄时，切忌正对太阳取景。

6.2.4 调节白平衡拍摄日出

在拍摄夕阳的时候，往往需要拍摄出被金红色太阳的余辉笼罩的现场感觉，这时就不能仅仅使用自动白平衡或者日光白平衡来对色彩进行还原。因为简单地将色彩进行还原，虽然按照理论得到了准确的色彩，却将原本那种画面的气氛削弱了很多。针对此类照片，推荐使用阴天白平衡，可以加强画面的橙黄色调，使其获得更好的环境气氛。

我们对日出、日落的视觉印象通常由橙黄色和金黄色构成，但是如果用与日出、日落色温相一致的白平衡挡拍摄，常常会把太阳拍摄成一个明亮的白色、淡红色或淡黄色球体。为了在画面中再次展现与人眼相同的太阳视觉效果，在调整白平衡时可用5600K色温挡。这是由于5600K色温片有利于低色温光线通过，较多地阻止了高色温光线通过，在日出、日落拍摄时，可以使整个画面偏暖，夸张橙红色调，使太阳本身的颜色呈现为橙红色或金黄色。

白炽灯白平衡

日光白平衡

一般数码相机的白平衡都包含了以下模式：日光、阴天、钨丝灯、白炽灯等。其中选择日光白平衡时画面偏红，选择白炽灯白平衡时画面偏蓝。在拍摄日出日落的时候，可选择最简单的自动白平衡。

如左面的两幅照片所示，上图使用白炽灯白平衡拍摄，画面偏蓝，黄色调丧失殆尽，从而影响到整个画面使其显示了非正常效果。下图使用日光白平衡拍摄，画面偏红，但画面由于过于艳丽，而丧失了真实的效果。

控制色温还可以使用在镜头面前添加各色滤色镜的方法。滤色镜除了能改变照片的色彩以外，还可以提高照片的质量。无论是加用降低反差的中灰密度镜还是有色滤光镜，拍摄的照片天空亮度都会被明显压暗，同时在一定程度上削弱了天空和地面的反差。

下图为加用了暖调偏光镜后，画面中色彩饱和度变高，色调偏红，天空与地面的亮度差距缩小，层次丰富。

拍摄参数如下

光圈：F11
快门：1/100 s
ISO：100
曝光补偿：0 EV
焦距：21

6.3 用相机记录变幻的自然天气

外出拍摄时，我们常常不能控制天气，初学摄影的朋友往往认为只有晴朗的天气才能拍出好的照片。其实，在特殊的气候条件下，如下雨、起雾、风暴的天气，合理地利用手中的相机，也可以拍出意境深刻的画面。

6.3.1 雨景拍摄

拍摄雨景可以获取雅致朦胧的效果，因为雨水带来反光，远处的景物常常会更明亮，同时由于雨水的滴落造成影像朦胧，拍摄出的画面常常色调浓淡有致，别有一番风味。

1. 选择合适的雨景曝光

雨天的光线变化复杂，有时和阴天一样，光的方向感不明确，亮度很低；有时雨景亮度又很高，两者之间的曝光量可以相差很多倍。因此拍摄时，最好使用测光表测光。

雨景拍摄常常会出现曝光过度的情况，雨景中景物之间的反差小，曝光过度会使拍出的画面灰蒙蒙一片，反差更小。例如在拍摄水珠、水滴、水迹时，这些对象几乎透明，在深色环境中容易因曝光过度表现不出水的质感。因此，雨景拍摄通常按正常曝光量减少1挡至1.5挡左右，这样有助于提高画面的反差。

如左下图拍摄雨景时因曝光过度，使画面看起来呈现灰蒙蒙的一片，缺少层次感，右下图在拍摄时摄影师则特意减少了1挡光圈，画面的反差被增大，前景中的木桥与后景的树木都很清晰，画面效果更加完美。

曝光过度

降低1挡曝光

2. 表现雨景的朦胧美

下雨时景物的光亮度一般是比较弱的。在拍摄雨景时通常使用大光圈、慢快门，才能更好地表现下落中雨滴的动态效果，还应站在较高的位置拍摄，使画面视野更宽广。

拍摄雨景时，快门速度不宜太高，高速快门会凝住雨滴，仅表现为一个个小点，而不能展示出下雨天的气氛。在拍摄雨景时，一般以1/60~1/30s速度为好，如果使用的快门速度过慢，画面中的雨滴会拉成一条长长的白线，效果也不理想。当使用合适的快门速度时，能显现出空间中还没落地的雨条，强调雨水降落时的动感。在实际拍摄中，我们还需要参照雨小速慢，雨大速高的规律进行拍摄。

毛毛细雨可以创造朦胧的画面效果。在拍摄深色调的树林或山脉时，如遇毛毛细雨，通常场景中缺少阳光照射，画面中深色的被摄体就会产生雾层的效果，同时显现出远浅近深的色调。如果取景范围较小，以近处的物体明亮度作曝光基调，也能在景物中表现出如雨如雾的烟雨情景。

下图在拍摄雨景时，借助近处湖面下落雨滴形成的漪涟，突出雨的动态美感，为了避免画面的单调，同时将湖边的灌木放于画面前景位置，使画面更加协调，整个画面由于细雨的下落，形成朦胧的美感，带给人们一种安静、悠然的视觉感受。

拍摄参数如下

光圈：F4.3
快门：1/8 s
ISO：800
曝光补偿：0 EV
焦距：19

拍摄雨景时，要注意镜头和雨点保持一定的距离。雨滴离镜头过近时，一滴很小的雨点也会遮住远处的景物，影响拍摄的画面整体效果。当然，有时也会刻意营造这种特殊效果。拍摄时要注意避免相机淋雨，也不要使镜头溅上雨点，一般可用雨伞遮住，也可把相机装在塑料袋里同时取出镜头和取景部位。拍摄雨景的常见注意事项如下。

- 深色的背景可以把明亮的雨滴突显出来，避免以天空或浅色的景物当背景。
- 雨点落在水面上溅起的层层涟漪也是雨景中的一个好的拍摄点。
- 在室内，如想透过窗户表现室外雨景时，可在室外玻璃窗上涂上薄薄的一层油，这样，水珠容易挂在玻璃上，渲染雨天的气氛。
- 拍雨天的夜景时，灯光的反射以及地上水面的倒影都会使画面显得很生动，其色彩效果要比一般夜景更为丰富。

3. 雨后露珠拍摄

雨后的水滴，晶莹闪亮，是拍摄者最佳的表现题材。在拍摄时应选择较暗的背景，或单色、暗黑色的背景都可以，这样拍出来的水珠才会更晶莹，更剔透。

在拍摄雨滴露珠时首先要准确曝光，对着水滴或者露珠测光，以获取正常的曝光值。拍摄构图时，可以把露珠置于画面中央，通过减小景深的方法，突出呈现某一个露珠的清晰效果，这样的露珠更好看。

左图采用微距模式拍摄露珠，再加上大光圈、浅景深的效果突出画面中间几颗主要的露珠。

拍摄参数如下

光圈：F2.8
快门：1/30 s
ISO：100
曝光补偿：0 EV
焦距：70

6.3.2 如何使雪景更美丽

纯净的雪面对光线的反射特别敏感，但冰雪世界缺乏色彩的变化。强光下拍摄雪景，不仅可以使画面产生强烈的明暗反差，还能令雪景中的自然景物呈现出更为素雅的画面色调。

雪景曝光不同于常规的曝光，如果使用常用标准测光的模式拍摄雪景，会使白色的雪面在画面中央发暗变灰。为突出表现雪面晶莹剔透的画面效果，应以雪作为测光的基准，使用点测光的方式对雪面测光，并在此基础上增加1.5~2挡之间的曝光值，在还原雪面明亮白色的同时，保留雪面的细节质感。

左图将雪地里常见的植物残枝作为拍摄对象，带给我们别样肃穆的视觉感受。拍摄时，摄影师增加了两挡曝光值，画面中阴影部分与处于阳光下的雪形成强烈的明暗反差，构成一幅淡雅的冬天美景图。

拍摄参数如下

光圈：F5.6
快门：1/30 s
ISO：100
曝光补偿：+2 EV
焦距：70

冬季挂满雪的枝头是常见的被拍摄主体，冰雪世界中的树挂拥有独特的气质和绝妙的形态。当我们选择树挂作为拍摄主要对象时，应优先选取细条枝干、低矮且茂盛的大树，或是单独的树枝进行拍摄。

下图以茂盛且挂满了晶莹白雪的树枝作为拍摄对象，与深色的树木枝干形成强烈对比，使画面中的枝条显得更加修长。雪景中树挂的独特魅力足以抵消光线的缺失，而全景构图方式使照片具有鲜明而独特的画面表现力。

拍摄参数如下

光圈：F2.8
快门：1/40 s
ISO：100
曝光补偿：0 EV
焦距：70

由于雪是洁白的晶体物，覆盖在地面或其他物体上时，常常会遮盖住了物体的原本色彩，借助这一特点拍摄雪景，可以制造纯洁的感觉。正因为雪景中白色部分占据的面积较大，也比其他景物明亮，在有太阳光线照射时，就更加明亮。雪是一粒粒透明的晶体，只有在较远的地方才能明显地表现它的这种质感。因此，要表现出雪景的明暗层次以及雪粒的透明质感，运用逆光或后侧光拍摄雪景最适宜，同时整个画面的色调也会显得富于变化。

如左图中，洁白的雪在侧光照射下，明暗层次更好，雪的透明质感完全展现在画面中。

拍摄参数如下

光圈：F11
快门：1/80 s
ISO：100
曝光补偿：0 EV
焦距：70

6.4 一起走进植物世界

植物是广受摄影爱好者喜爱的拍摄题材。在拍摄之前，应该首先对需要拍摄的对象有个基本的了解。每种植物都有自己的生长习性，常到外面走走或者仔细观察自己养的花卉，可以发现土壤、水分、阳光甚至周围的昆虫都能影响到它们的生长。发现这一点，在拍摄时借助这些元素就能使画面更有感染力。

植物大多属于静态，拍摄起来很容易上手。植物摄影与拍摄其他题材的摄影一样，必须考虑一些因素，比如光线的方向、背景的选择、焦距的选择和构图方式等。不同的角度，可以得到不同的效果。无论是精心设计的小花园还是杂草丛生的荒地，或是植物的局部，如一花、一叶、一枝、一果等，都能成为拍摄的对象。

6.4.1 微距功能

不同种类的花卉，风情各不相同。有的花美在艳丽花瓣或精致的花蕊，有的花美在整体的造型。运用微距拍摄花卉时，通常对花瓣或花蕊的局部进行特写拍摄，将其充满整个画面，制造饱满艳丽的色彩效果，因此在拍摄时对画面要有细致的把握和精确的控制。

植物摄影通常会应用到镜头的微距近摄功能，尤其是对花蕊和花朵局部的放大特写，在拍摄这样的画面时，你的数码相机需要具备1:1放大倍率的微距镜头才能胜任。

利用微距摄影可以获取足够清晰锐利的照片。在拍摄时将创意、构图、色彩、内容巧妙地融为一体，在照片中展示足够丰富的细节。

为了更好地展示细节，拍摄者需要在拍摄前进行精确的测光和对焦。微距拍摄花卉使用点测光模式能使测光更准确。在本书前面的章节中，对点测光功能进行了详细的介绍，它可以将画面中只占3%面积的局部对象作为测光的依据，再结合焦距的调整，得到更加精确的测光。拍摄者还可以通过数码相机显示屏LCD上回放已拍照片的方法来判断测光的成败，同时也可以对照片局部放大，确定花朵的全部细节是否都完美呈现。

左图中使用微距模式拍摄的花朵占据画面的大部分面积，明暗反差下的精确测光更加完美地呈现出花朵的美姿，借助低调的背景画面效果，使主体更加突出、更加醒目。

拍摄参数如下

光圈：F5.6
快门：1/400 s
ISO：80
曝光补偿：0 EV
焦距：71.7

6.4.2 不同焦距拍摄艳丽的花朵

拍摄花卉时，我们常常会迷失在美丽的花丛中，不知如何选取拍摄对象。面对五彩缤纷的花朵，我们只能适当地取舍，对突出性的局部花朵进行捕捉。

在拍摄某一朵或某几朵花时，可利用长焦镜头压缩画面的特点，拍摄形态最美丽、光线最独特、色彩最艳丽的一朵花，突出其特征，展示画面动人效果。

在拍摄左图时，摄影师特意将颜色最为艳丽、姿态最为完美的一朵花作为拍摄对象，跳跃的红色使其成为画面视觉中心。

拍摄参数如下

光圈：F2.8
快门：1/250 s
ISO：200
曝光补偿：-0.7EV
焦距：150

在拍摄花朵时，也可以使用对比的方法增强画面效果。对比构图主要是把两个相同物体均衡地排列在画面中，让物体与物体之间形成对比，其对比可以是体积、姿态、色彩、明暗度等。

下图画面中将两朵争相开放的花朵对称排列在画面中，其娇艳的姿态形成明显的对比。

拍摄参数如下

光圈：F5.6
快门：1/500 s
ISO：100
曝光补偿：0 EV
焦距：6.33

拍摄下图时，摄影师巧妙地将同类型花朵一前一后置于画面中，形成虚实上的对比，使观众自然地将注意力集中于前方花朵上。

拍摄参数如下

光圈：F5.6
快门：1/500 s
ISO：100
曝光补偿：0 EV
焦距：6.1

想把花朵的艳丽颜色真实地表现在画面中，花朵的光照效果是关键因素。当太阳光线很强烈时，会影响到花朵的细节。而在散射光的阴天条件下，花朵的细节更容易突现出来，色彩也会更鲜艳。光线不仅会影响到被摄体，也会影响到背景。在阴天拍摄时，我们可以拍摄美丽的花卉剪影效果，制造特别的光线效果。

如左图所示，是在晴朗的天气下拍摄的照片，强烈的光照使得月季花失去了该有的细节，而且背景被照亮后分散了观众的注意力。

拍摄参数如下

光圈：F7.1
快门：1/60 s
ISO：100
曝光补偿：0EV
焦距：49

左图是在阴天条件下拍摄，画面中借助阴天的弱光效果，菊花的细节被完整地表现出来，在暗背景的衬托下，菊花显得更为突出。

拍摄参数如下

光圈：F5.6
快门：1/125 s
ISO：100
曝光补偿：0EV
焦距：55

花卉摄影除了可以突出表现一枝或几枝花外，还可以将花丛作为整体摄入画面。当需要表现众花争相盛开的画面时，运用广角和中焦距镜头拍摄整体的效果，也是一种恰到好处的表现手法。

如下图所示，摄影师是从低角度拍摄花丛的画面，调整好拍摄距离和焦距范围，将画面中花卉的大小控制好，利用散射式构图表现花丛的勃勃生机，低角度拍摄将人们平时习惯性俯视的角度下看到的低矮花朵换成以挺拔的姿态表现出来，可以产生形式上的美感。

拍摄参数如下

光圈：F16
快门：1/125 s
ISO：100
曝光补偿：0EV
焦距：23

拍摄花丛全景时，还可以借助不同花卉的各种形态和颜色特点组成色彩鲜明、对比强烈的大色块画面，摄影师在构图时有意识地尝试不同的角度，采用折线、斜线、曲线等构图方式，有选择地将色块收入画面中，以达到丰富照片视觉感受的效果，同时体现出色彩分布的形式美。

如下图所示，摄影师拍摄时注意了焦距和拍摄距离的控制，使用表现花丛形态均匀排布的拍摄方法，有意压缩单个花朵所占的画面比例，突出画面的整体形式感。

拍摄参数如下

光圈：F16
快门：1/200 s
ISO：100
曝光补偿：0EV
焦距：18

6.4.3　放低相机拍摄，让落叶更真实

秋天随风飘舞的落叶、缤纷的黄叶和红叶，都是值得捕捉的画面。枯落的树叶是秋天中最容易拍摄的对象，这是因为它们随处可见又色彩艳丽。在拍摄红色的落叶时，可以从采光、取景、背景、构图等方面着手；可以借助逆光、斜侧光线，来突显叶片的形状、线条和脉络。为了消除叶片反光，使得主题层次分明、色彩饱和，在拍摄时可使用遮光罩、偏光镜、减光镜等配件。而拍摄落下的红叶时，可以利用广角镜头，低角度捕捉整片红叶林或满地落叶的景致。

如左图所示，摄影师把数码相机的机位置于与落叶更加贴近的高度，镜头与落叶距离越近，观赏者越能感觉到落叶的真实。

拍摄参数如下

光圈：F16
快门：1/50 s
ISO：100
曝光补偿：0EV
焦距：26

6.5 一起走进动物世界

想要拍摄到更精彩的动物照片，在提高拍摄技术、改进摄影观念的同时，还需要准备相应的摄影器材。对于不同的动物，我们还需要采用不同的拍摄方式。如拍摄形态较小的动物时，我们可以尽量靠近它们，或使用微距镜头来进行拍摄，而对于那些体积比较庞大又很凶猛的动物，我们最好选择一个长焦镜头，这样我们能与动物保持一个安全的距离。

6.5.1 日光下的微距昆虫拍摄

在日常野外拍摄的过程中，我们经常会遇到各类小昆虫，其实这些昆虫也可以作为我们拍摄的主题，而这类主题通常都是利用微距进行拍摄。在微距拍摄昆虫的时候，一定要注意构图和光线的应用，好的构图和光线可以让你的照片有一种意想不到的效果。

如下图所示，摄影师在拍摄时，强烈的自然光照在水面以及蜻蜓身体上，让人感觉到画面的整体晶莹透亮。同时将蜻蜓放置于画面中心位置，重点刻画了蜻蜓，吸引观众的眼球。

拍摄参数如下

光圈：F4
快门：1/180 s
ISO：100
曝光补偿：0EV
焦距：80

左面两图都是在光圈F4.0、焦距44.9的相同参数下进行拍摄的。由于选择的拍摄角度不同，所表现的意境也不一样。左上图主要是表现蝶恋花的全景，而左下图则是将花作为主题，蝴蝶作为一个动态的陪衬，这样就更加动静相宜了。

如左图，将蝴蝶作为主体进行拍摄，当阳光穿透蝴蝶翅膀时，其上方的纹理显得更加清晰美丽。

拍摄参数如下

光圈：F2.8
快门：1/500 s
ISO：100
曝光补偿：0EV
焦距：105

提示：

在利用微距拍摄昆虫的时候要尽量利用自然光，这样才能让人感觉到自然界的亲和力，同时体现贴近生态的感觉。

6.5.2 拍摄动态的鸟类

对于鸟类摄影，相机的选择与一般的人像摄影、风光摄影或是微距摄影，有着较大的区别。一般来说，鸟类摄影需要使用望远镜头。因为鸟儿小，距离远，用一些普通的镜头拍起来会很困难，因此鸟类摄影用的器材几乎都是比较大的。鸟类摄影的望远倍数通常为8~50倍左右。

1. 使用连拍功能

鸟类摄影需要捕捉其生动活泼的姿态。在鸟类摄影中，应充分发挥相机的连拍功能。通常鸟儿停留的时间不长，因此能够让我们拍摄的时间很短。要在极短的时间里，拍摄精彩的画面，非常不易。例如拍摄穿梭的冠羽画眉、喂食中的燕子、捕捉鱼儿的鸬鹚等。在拍摄这些精彩画面时，如果没有连拍功能，往往无法捕捉到瞬间动作。另外连拍的速度也很重要，因为鸟类的动作随时可能发生变化，这一秒是静止的，下一秒的动作可能就会变成伸爪、振翅、飞起等。数码相机常见的连拍功能为每秒连拍三张，在连拍的过程中，相机通过缓冲存储器中的影像传输至记忆卡之后，才可以继续下一次的连拍。因此能拥有一台连拍速度快、可持续拍摄多张的数码相机，可以提供更高效的拍摄功能。

如下图所示，使用连拍功能进行拍摄，并选取其中拍摄效果最好的一张。由于拍摄画面中的鸟比较安静，拍摄起来也较为容易。拍摄时快门速度通常较高，可避免鸟突然飞动而造成影像模糊。

拍摄参数如下

光圈：F4
快门：1/1000 s
ISO：200
焦距：300
曝光补偿：0 EV

2. 拍摄鸟类时如何对焦

拍摄鸟类照片，对焦也是个难题。鸟的动作迅捷，变化多端，如果再使用长焦镜头，达到精确对焦就更具难度了。如果相机本身的对焦功能不够好，就无法拍摄到满意的照片，并产生迷焦的现象。迷焦是指原本应该可以精准对焦，但却因为相机本身的对焦系统无法正确地分辨出来，而不能得到清晰的影像。对焦速度快又准确的相机，可以让您捕捉到更多精彩的画面。精准的对焦度让您在复杂的环境中不会迷焦。有的数码相机还具备连续对焦功能，可帮助我们更方便地对焦。连续对焦是指对焦系统不断地进行持续对焦，随拍摄对象的改变而自动调整。当拍摄飞行中的鸟或快速移动的鸟时，就可以切换到连续对焦模式，让相机的对焦系统随着鸟儿的移动，自动将焦点对好，以便拍摄。

如左图所示，在拍摄飞行中的鸟时，使用连续对焦功能，方便快捷地进行自动对焦拍摄。

拍摄参数如下

光圈：F2.8
快门：1/500 s
ISO：100
曝光补偿：0 EV
焦距：105

6.5.3　拍摄笼中动物

拍摄动物也不一定非得去野外，在动物园或家里也可以拍摄。动物园里的动物由于可以近距离接触，因此拍摄者可以更好地捕捉其近距离肖像，抓拍出动物的各种神态及动作。拍摄动物时最重要的是要有足够的耐心，当你需要拍摄某一只动物的时候，可以一直接近它，直到发现经典的画面时，按下快门进行拍摄。了解动物的习性，捕捉它们的特色表情，这样才能拍摄到好的动物照片。

如左图所示，摄影师耐心跟随鸟儿进行拍摄并将其生动有趣的神态表情捕捉下来。

拍摄参数如下

光圈：F2.8
快门：1/500 s
ISO：100
曝光补偿：0 EV
焦距：105

在拍摄动物照片时，除了需要熟悉控制相机和掌握拍摄技术外，还需要有一个清晰的拍摄思路，注意力也要集中，具有敏锐的反应，时刻保持关注，因为在动物身上时时会有很多精彩的、值得记录的画面。

下图为摄影师在经过长时间地跟踪了解后，抓拍到小动物憨态可鞠的动人画面。

拍摄参数如下

光圈：F5.6
快门：1/125 s
ISO：100
曝光补偿：0 EV
焦距：50

动物园里的动物通常是被关在笼子里，拍摄时有一定的局限性，在拍摄时我们要尽量使动物园里的动物看起来自由。注意不要把笼子或者周围的栅栏拍进画面中去，而一些现代化的动物园，也会尽量让动物的生活环境更加接近自然。

拍摄关在笼子里的动物时，应尽量放大光圈，这样做一方面可以缩短景深，让笼子的栅栏尽量模糊，使观看者不容易看出这是笼中的动物；另一方面放大光圈可以提高快门速度，防止动物突然间的活动而使得画面模糊不清。

下图就是一个运用小光圈拍摄的例子，小光圈深景深的效果把小鸟身后的鸟笼清晰地呈现在画面中，竖向的线条使整个画面显得死板，没有生机。

拍摄参数如下

光圈：F11
快门：1/40 s
ISO：200
曝光补偿：0 EV
焦距：12

6.5.4　宠物摄影

随着人们生活质量的提高，越来越多的家庭都养了宠物。宠物的种类多种多样，鸟、猫、狗、鱼等这些宠物都可以作为摄影爱好者的拍摄题材。而用相机记录下宠物的生活，是一件非常有趣的事。拍摄家庭宠物，首先要了解它们的生活习性，抓住它们特殊的神态特点进行拍摄，并配以适合的道具，安排好比较优雅干净的环境，耐心等待，引其神态，顺其自然，才能拍出生动有趣的宠物照片。

拍摄宠物时，一般摄影师都可以近距离地接触宠物，因此用标准镜头就可以完成拍摄。但有时我们需要远距离拍摄宠物的活动状态以及环境，就需要配备中焦距、长焦距镜头，或者使用变焦镜头。变焦镜头可以根据宠物的距离和动作进行推拉。

当宠物在做某种不同寻常或是非常有趣的动作时，可以随时进行抓拍：例如，小猫或小狗悠闲地躺在它们所喜爱的垫子上打瞌睡时的憨态，就要比它们被强制摆出来的姿态更能打动人。

如左图所示，近距离拍摄宠物，将其乖巧可爱的表情记录到画面中。

拍摄参数如下

光圈：F5.6
快门：1/800 s
ISO：200
曝光补偿：0 EV
焦距：98

拍摄小狗、小猫，要抓住它们活泼可爱、神态可笑的样子，同时还要注意根据宠物的皮毛颜色选择合适的背景。如果宠物的皮毛颜色是全黑或深色，那么背景颜色就应该明亮一些；如果宠物的皮毛颜色是白色或者浅颜色，那么背景颜色应该深一些，这样才能突出宠物。此外还可以配以适当的道具，如皮球、爬梯等，让宠物表现出顽皮的神态。也可以拍摄儿童或者大人跟宠物一起玩耍的情景，表现出和谐的气氛。

如左图所示，拍摄纯白色的宠物时，特意选择深绿色的草地作为背景，以衬托小狗皮毛的白色特点。

拍摄参数如下

光圈：F5.6
快门：1/100 s
ISO：100
曝光补偿：0 EV
焦距：50

7 风光旅游摄影

风光旅游摄影可分为两类，一类是旅游纪念性质的“到此一游”式拍摄；另外一类是自然风光拍摄。对于大部分旅游者来说，他们的旅游摄影一般都属于纪念性质的拍摄类型。拍摄“到此一游”类型的照片看起来好像非常简单，在风景中只要人往相机前面一站，按下快门就可以了，但实际上要拍出好的“到此一游”类的旅游纪念照是有所讲究的。在拍摄风光类型的照片时，需要掌握取景构图、准确测光、清晰对焦等拍摄技巧，使风景更好地记录在相机中。

旅行前的计划和考察也是相当重要的。相机、镜头的选择，物品的携带等都是我们要考虑的。除了这些以外，还需要掌握一些风光旅游摄影的技巧。

7.1 一定要做好旅行前的计划与准备

对我们来说，摄影的一大乐趣是可以结合旅行进行拍摄，将旅途中的风景和趣事进行记录。在充满奇幻的旅途中即兴拍摄照片，记录下令人开心、难忘或感动的时刻。由于旅行通常是到一个尚未去过的地方，为了避免旅途中可能会发生的一些不开心、准备不充足的事情，旅行前的计划和准备是十分必要的。可以在当地的旅游网站或是旅游论坛上寻找相关信息，也可以在旅游图书或杂志中搜集相关资料，了解当地的风土人情、民族习惯、物价水平、景区简介等。这些看似不重要的准备工作，在旅行途中常常会起到关键的作用。

7.1.1 旅途中的安全与健康

了解旅游目的地的气温、气候，必备的衣物和药品，这些是旅途过程中安全健康的前提保障。长时间的旅行劳累会使人的抵抗能力下降，可能会引发一些意外的疾病，不同地区还需要注意天气气温的不同。如，九寨沟平均海拔约3000m，属于高原湿润气候，春天气温较低、变化较大，平均气温多在9℃～18℃之间，昼夜温差很大，白天阳光明媚，日照充足，夜晚气温较低，日照下着体恤或薄外套，早晚需穿大衣。防晒及保湿用品也是必不可少的。还需要注意饮食，避免发生腹泻、痢疾等。关于旅游的安全及健康知识，用户可以参照相关书籍。

7.1.2 旅行前的拍摄计划

旅行前对旅游区的景观和路线做一些了解，参考旅游书中的照片，了解景区的特色风景，明确哪些是值得你拍摄的风景，并借鉴他人的拍摄方法，学习并实践构图技巧及拍摄方法，这些都是可以提前准备的。上一小节中提到了注意旅行中的安全与健康，在掌握与总结了相关信息后，拍摄者应制定一个详细的拍摄计划，它如同旅行的行程安排一样。只有在计划的前提下，才能拍摄更多更好的照片，充分发挥手中相机的重要作用。

7.2 旅行途中注意器材的携带与保护

如果您的相机较多，属于摄影发烧友，那么首先要考虑的是带哪个相机，再配合你的相机及拍摄要求，携带需要使用的多个镜头。如果你只是普通拍摄用户，那么携带好你的相机即可。完成相机的携带后，其次是辅助设备，如拍摄夜景时会用到的三脚架、拍摄天空时会使用的滤色片等。考虑得越周密，必要设备带得越充分，你的旅行就会越顺利。随身携带的相机及配件物品通常价格较高，拍摄者还需要注意进行妥善的保护，避免旅行途中的损伤。所以旅行前应首先选择器件，再使用摄影包或随身携带的包，将所有设备进行合理的放置，保护好设备不受损伤，避免相机出现问题。

7.2.1　旅行时携带的相机

旅行时相机是必备的。如果允许的话，你可以带两个相机，对于一些简单的风景、人物类照片，使用卡片类数码相机即可；而当需要拍摄更多手动设置效果的照片时，则可以使用单反类数码相机。

7.2.2　携带什么样的镜头

在携带镜头时，如果你有用于拍摄不同类型照片的多个镜头，则可以选择性地带上广角镜头、85～135mm镜头和远摄镜头。

广角镜头是旅游必备，如左下图所示，它能帮助你拍摄更为完整的主体。人物肖像镜头一般在85～132mm范围内即可，可拉近远处人物拍摄清晰的脸部肖像，如中图所示。远摄镜头可表现大景深的画面效果，这类具有强大变焦功能的镜头是最简便最省心的选择，使用它可以拍摄更远距离的景物，并拉近放大进行拍摄，如右下图所示。

提示：

如果只想带一个镜头，那么就推荐大变焦镜头18~200mm或者18~250mm，各个厂家都生产这样的原厂镜头，同时他们也生产大变焦的副厂镜头。

7.2.3 滤色片

滤色片简称减光片，拍摄时在不改变光源强度的情况之下，如在高原或雪域中拍摄，滤光片的携带尤其重要，不仅可以使蓝天变暗，还不会改变其他被摄体的颜色。

滤色片是增加反差最好的工具，拍摄风景照时，我们可以利用它来突显白色区块。例如将白云浮现在深蓝的天空前，同时彻底去除远处的雾霭。同样的滤色片还可以在静态摄影时作层次处理之用。

7.2.4 测光表

比起相机内测光系统来说，手持测光表有更灵敏、更精确的测光性能，例如可以测量到一挡光圈的1/10，对于弱光更加灵敏。测量角度也可以达到很小，例如1度，这是目前常见的具有“点测光功能”的相机所达不到的。在有些场合，如风光、静物、产品、模特摄影中，移动相机进行测光很不方便，而把相机留在三脚架上，使用手持测光表去测量、思考、判断要方便得多。对于相机的内测光系统通常只能测量反射光，而手持测光表则同时具有测量入射光和闪光的功能。

7.2.5 其他配件

1. 三脚架

在弱光条件下或使用远摄镜头进行拍摄时，就必须配合使用三脚架。在拍摄时起到稳定的作用，是拍摄清晰影像的前提基础。

2. 指南针

当你在户外旅游时，那么指南针将会发挥很大的作用。例如在森林里迷失方向，指南针可以帮助你从绝望中解脱出来。

3. 电池和充电器

电池是拍摄照片时相机中不可缺少的原件，没有电池相机就运行不了。现在大部分数码相机都是使用充电电池，方便在电池没有电量时进行补充，所以应同时携带上充电器。旅行前让你的电池充满电量是最明智的做法。

7.3 拍摄旅途中的风景

远距离旅行，从一个地方到达另一个地方，带给我们的不仅是心灵的释放，还有各种奇异的风光。透过窗户，映入眼帘的可以是蓝天白云，可以是美丽的田园风光，也可以是山水交融的独特风景。本节将为大家介绍如何拍摄旅行途中的风景，将那些窗外静止的物体，同样记录在你的相机中，在旅行完成后细细地品味与回忆，作为最珍贵的记忆。使用相机在旅行途中记录风景，拍摄运动的物体容易造成影像的模糊，此时，掌握好必要的摄影技术显得尤为重要。

7.3.1 拍摄天空中的棉花糖——云朵

天空和云都是风景摄影中不可缺少的拍摄对象。云的千姿百态加上天空的蓝色，构成了一幅巧妙组合的自然美图。拍摄者在拍摄时，首先应调整好相机的曝光值及快门速度等相关参数，拍摄的时机也非常重要，所以可拿着相机随时做好拍摄的准备，看到美景即可按下快门进行捕捉。

下图中蓝天中的白云呈放射性状向右扩散，以山作为支点，不断地变换着姿态。将山布置在画面底端，强调天空的开放感，拍摄出云的独特形状。

拍摄参数如下

光圈：F5.6
快门：1/320 s
ISO：80
曝光补偿：0 EV
焦距：6

提示：

拍摄云朵时，要将天空拍得更广阔一些，突出山的棱线和树木。曝光值调得比正常小一些，这样云的线条会更加突出。天空和云的姿态瞬息万变，因此要根据状况的变化多拍几张，不能满足于只拍一张。在拍摄时，要先找到作为拍摄主体的云，然后按照云彩的形状和周围环境快速确定构图。

同一片相连的云彩，由于各部分的薄厚不同，形状多变，在不同受光条件下，云的色彩、层次都不一样。对云彩的刻画，关键在于曝光，只有确定云彩的各个明暗层次后，再结合画面中的其他元素进行全面考虑，才能完善地表现云的质感。

拍摄参数如下

光圈：F11
快门：1/800 s
ISO：自动
曝光补偿：0 EV
焦距：70

当云彩成为风光摄影的画面主体时，其独特的形态和色彩就有机会表现得淋漓尽致。捕捉逆光下的云彩时，仔细观察云彩的周围是否存在多彩的边缘。

在拍摄下图时，由于光照射在云层上，拍摄者从逆光的角度进行捕捉，并降低曝光值，拍摄的画面中云朵周围呈现日光照射后的黄色边缘，使云朵更加具有特色，画面更添神秘感。

拍摄参数如下

光圈：F22
快门：1/4000 s
ISO：800
焦距：135
曝光补偿：-2.0 EV

7.3.2　调整快门时间拍摄火车外的风景

拍摄火车外的风景与其他的摄影存在较大的差别，火车在行驶的过程中由于时速较快，因此拍摄时具有一定局限性。因此在拍摄车外的风景时，如果想要获得清晰的画面，就必须把快门尽可能地调快调高。当快门提高时进光量自然也相应地减少了，此时如果拍摄场景光线不足，则很可能导致拍摄的画面曝光不足，画面过于黑暗，因此在使用高速快门进行拍摄时，应尽量选择在强光下或光线条件较好的情况下进行拍摄。

拍摄参数如下

光圈：F10
快门：1/1000 s
ISO：200
焦距：40
曝光补偿：+1.0 EV

对比上下两幅图，可以看到上图呈清晰的效果，拍摄者在拍摄时将快门调高，并适当增加曝光补偿值，创造清晰的影像效果。而在拍摄下图时，由于快门速度无法达到要求，导致拍摄画面模糊。

拍摄参数如下
光圈：F8.0
快门：1/100 s
ISO：100
焦距：36
曝光补偿：0 EV

7.4 旅行中拍摄美景

风光和摄影总是联系在一起的，人们总是想把旅行中的美景记录下来、走过的路程保存下来，那么手中的相机在这时起到了非常重要的作用。风光摄影是摄影门类中主要的类别之一。风光摄影是一门艺术，有时拍摄地点或许并不是风光摄影最重要的方面，而摄影家的眼光和观察角度、表现手法才是体现风光摄影的重要因素。相同的景色、不同的构图及表现手法，可展示不同的魅力。

7.4.1 寻找悠静的山村田园风景

田园风光类照片的拍摄对象较为丰富，选择也很自由，但不并是随手按下快门便可以得到清晰完美的景象。在拍摄现场进行多方面的观察后，并进行审美取舍构图，选择最佳的角度，才能拍摄出好的山村田园风景。

拍摄山村田园风光时，要学会利用自然条件，利用自然的光线、雾、雨、雪、云等来完善你的画面。要想拍出好的田园风光作品，就必须认真细致地研究地形，了解气候、光线、云、雾等的变化。例如云雾一般在清晨比较浓厚，而正午时分光线最为强烈，空气透明度最高。田园风光摄影要找准拍摄时间，并选择最佳的拍摄角度，才能完成一幅优秀的作品。

提示：

山村田园风景大多采用高角度俯拍大场面来获得壮观的效果。俯拍的大画面通常带来景深范围大，色调、线条和影调结构分明，气势磅礴的感觉。

拍摄参数如下

光圈：F3.5
快门：1/160 s
ISO：125
焦距：8
曝光补偿：0 EV
白平衡：自动

在拍摄田园风光时，构图方面应从整体考虑画面上影调和线条结构，层次要丰富，影调要鲜明，线条要清晰，景物轮廓要分明。在用光上，一般采用逆光或顶逆光。这两种光能使景物的立体感更强，明暗层次更丰富。

左图中利用黄色油菜花形成曲线构图效果，远处的树木呈垂直线构图，避免了画面的单调与死板，增添了独特的效果。

拍摄参数如下

光圈：F7.1
快门：1/200 s
ISO：125
曝光补偿：0 EV
焦距：19

除了借助大场景来表现田园风光景色外，拍摄者还可以拿起相机，对微距下自然界中的动植物进行拍摄。用近距离拍摄展示旅途中所见的不同景象，从微观的角度记录旅行的见闻与快乐。

拍摄参数如下

光圈：F3.5
快门：1/40 s
ISO：125
曝光补偿：0 EV
焦距：6

微距模式拍摄风景中的动植物，也能创造出好的风景照片。

拍摄参数如下

光圈：F2.8
快门：1/500 s
ISO：100
曝光补偿：0 EV
焦距：6.2

7.4.2 水乡古镇应该怎样取景拍摄

黛瓦粉墙、深巷曲异、枕河人家、柔橹一声、扁舟咿呀——水乡古镇的独特风情，常常令许多久居都市钢筋水泥中的摄影师们魂牵梦萦，同时也吸引了成千上万的摄影师把镜头聚焦在这柔美的景色上。

如何展示水乡古镇纯静的水、悠然的树、甜美的人，是摄影师们拍摄照片需要考虑的重要方面，抓住不同事物的特点及特征，采用不同的视角进行表达，展示水乡古镇更多柔情的一面。

下图借助河堤在画面中形成水平构图效果，将水平线置于1/3位置处，平衡画面视觉效果，为避免画面的单调，在右侧将三个玩耍的儿童摄入，使整个画面更生动。

拍摄参数如下

光圈：F4.0
快门：1/125 s
ISO：100
焦距：5.6
曝光补偿：0 EV

拍摄水乡古镇，在取景上保留古镇和水巷、倒影景物，在画面上让其形成对比，古镇的历史悠久，水巷的弯曲蔓延，倒影的虚虚实实，构成一幅宁静、美丽而和谐的自然景观。

下图采用平摄角度，给人一种平和、清幽的感觉，同时在侧逆光下拍摄，画面影调结构、层次更好。

拍摄参数如下

光圈：F4.0
快门：1/500 s
ISO：100
焦距：5.6
曝光补偿：0 EV

7.4.3　在外一定要记录下风情人物照片

风情人物照片具有纪实性、地域性，民族特色十分强烈。风情人物摄影没有固定的模式，较随意，却能带给人们深刻的印象。拍摄的人物要注意展示其自然的一面，这样的人物才不拘束。在拍摄前可以跟被摄人物进行沟通，与他们交流，拉近彼此的关系，这样拍出的照片中人物不会流露出戒备的眼神。如果你不善与人交谈，还有一种方法，便是使用长焦镜头“偷拍”，这样拍出来的效果通常较自然，但需要注意被摄对象是否允许，在经同意的前提下进行拍摄，创作出令人满意的照片。

左图拍摄藏区人物，拍摄者从人物侧面进行拍摄，被摄者目光没有直视镜头，这样人物的表情更加自然。

画面中人物身着民族服饰、配戴特色的饰品，整个画面色彩丰富，很好地突出了人物的特色。

拍摄参数如下

光圈：F4.0
快门：1/350 s
ISO：100
焦距：20
曝光补偿：0 EV

真实地记录生活在不同地区人们的生活，展示其生存的环境、生活的方式，同时还可以借助特色的服饰、装饰来展示不同人物的特色。抓住人物的特色来突出强调整个人物形象，记录下不同的风情人物照片。

观看正面的人像时，观众关注最多的是人物的面部表情，会忽略了环境，这种拍摄角度可用来突出具有特色的人物面部，如布满皱纹的脸部，可表现岁月的沧桑感。侧面人像是从人物侧面脸部进行拍摄，忽略了面部细节，在画面中可突出表现人物的其他特色如服饰、手饰等。背面人像不表现人物正面，被摄者面部将不展示在画面中，拍摄时通常将整体环境与背景摄入画面，同时被摄者将整体出现在画面中，突出强调环境背景情况。

下图采用远景镜头，画面中融入了更多的信息，更真实地记录了一切。画面中拍摄的角度是人物的背面，留给观众更多的想象空间。风情人物照片的环境也同样重要，选择一个具有代表性的背景，能让观看者更清楚明确地获得拍摄地点、区域等信息。

拍摄参数如下

光圈：F8.0
快门：1/640 s
ISO：200
焦距：50
曝光补偿：0 EV

左图中拍摄者从正面捕捉被摄者，光线为顶光，减少了画面中的阴影，同时为了突出主体人物，将人物置于画面中间，人物与背景相互呼应，画面很简洁。

拍摄参数如下

光圈：F2.8
快门：1/1000 s
ISO：200
焦距：50
曝光补偿：0 EV

提示：

在拍摄人物时，远景和全景更能够突出环境的全貌。更多的环境可以体现更浓的氛围，虚实相结合的拍摄，也是突出强化氛围的一种表现手法。

7.4.4　带上相机，随时捕捉美妙的瞬间风景

养成良好的随时拍摄习惯，会给你带来无穷的乐趣。随身携带照相机，例如卡片型数码相机，机身轻巧时尚，随身携带可帮助你捕捉到更多美妙的瞬间。往往抓拍的瞬间风景，是独一无二的照片，画面更加生动活泼。

下图采用低角度视角捕捉草原上正在觅食的羊群，并使用长焦镜头拉近与主体的距离进行拍摄，呈现出安静自然的画面效果。

拍摄参数如下

光圈：F5.6
快门：1/160 s
ISO：200
焦距：72
曝光补偿：0 EV

下图捕捉湖面起飞的天鹅，使用高速快门进行拍摄，抓拍起飞时展开翅膀的瞬间美丽。

拍摄参数如下

光圈：F5.6
快门：1/1000 s
ISO：200
焦距：5.7
曝光补偿：0 EV

7.5　拍摄旅行纪念照

旅行的过程中拍摄纪念照既可以增添兴致，又可以留下美好的回忆。旅行纪念照拍

摄时同样需要注意选景构图、用光技巧、镜头对焦三个方面。选景时，背景要简单；构图时，画面要整洁；用光时，尽量避免中午的直射阳光，因为在顶光照射下，人物的拍摄效果相对较差。在拍摄风景时，要注意取景构图，在拍摄人物时，要注意被摄者的表情自然放松。根据不同的拍摄场景，设置不同的拍摄参数，将旅游过程中的点点滴滴记录下来，留下有意义的纪念照片。

7.5.1 按日期拍摄行程照片

按日期拍摄行程照片时，首先在相机上设置好日期，再按照旅游行程拍摄照片。记录一段有意义又特别的旅行。拍摄者可根据个人的喜好，从不同角度记录行程经历，如通过旅游景点来表达、通过日程安排来展示等，可以将一天中去过的地方、遇到的趣事、不同的风景进行记录，在拍摄完成后浏览相片时，制作成一段具有完整经历的精彩旅行记录。

下面的五幅照片为拍摄者对一天内到达的不同景点进行记录，通过照片的拍摄时间，可以很清楚地回忆旅游时所观赏的景点与风景，以及整个行程中的快乐。

1. 拍摄日期2007年10月12 日9:21:03

拍摄参数如下

光圈：F10
快门：1/250 s
ISO：140
焦距：31
曝光补偿：0 EV

2. 拍摄日期：2007年10月12日11:17:49

拍摄参数如下

光圈：F10
快门：1/1600 s
ISO：200
焦距：135
曝光补偿：0 EV

3. 拍摄日期：2007年10月12日13:34:11

拍摄参数如下

光圈：F6.3
快门：1/160 s
ISO：100
焦距：50
曝光补偿：0 EV

4. 拍摄日期：2007年10月12日15:34:11

拍摄参数如下

光圈：F6.3
快门：1/160 s
ISO：100
焦距：50
曝光补偿：0 EV
白平衡：自动

5.拍摄时间：2007年10月12日18:19:18

拍摄参数如下

光圈：F4.0
快门：1/60 s
ISO：400
焦距：24
曝光补偿：0 EV
白平衡：自动

7.5.2 人物与景色的合理搭配

在风光旅游类照片中，如拍摄人物与景色搭配的画面，需要考虑的是人物应处在画面的哪个位置，才能展示更好的效果。通常是把人物放在画面中间或者1/3处，借助背景突出主体。拍摄者也可以利用景物做前景，将被摄主体置于景色之后，根据具体情况，灵活地处理人物与景色之间的位置关系，借助不同的环境、光线、人物的服装、心情、动作、发型等，在突出强调景色的同时，展示画面中的人物造型，达到完美协调的画面效果。

下图拍摄雪地中的人物，景色的选择也是相当重要的一部分，白色的雪景与人物、天空的颜色产生了高反差效果，低角度的拍摄将远处的美丽雪山一同摄入，仿佛可以感受到人物当时愉悦快乐的心情。

拍摄参数如下

光圈：F18
快门：1/500 s
ISO：200
焦距：38
曝光补偿：0 EV

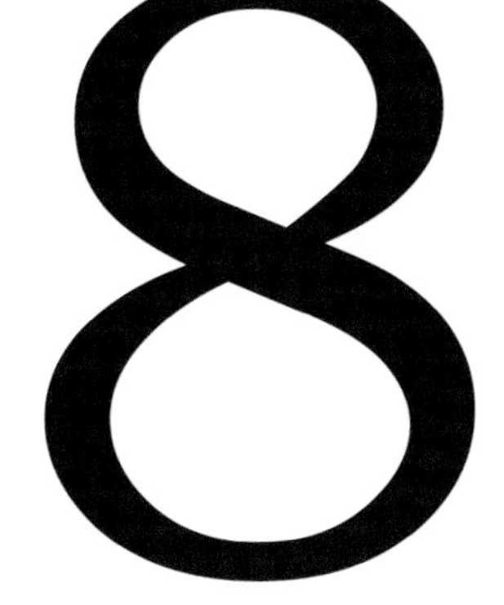

静物摄影

静物摄影是摄影领域中不可缺少的部分。静物摄影的对象是随处可见的熟悉事物,但它对那些致力于提高摄影技艺的人来说，仍然很有吸引力。静物摄影经常是在家里拍摄一些能轻易布置的小东西，这些东西都是静态的，摄影师对结果几乎可以完全控制。摄影师可以用这些特别平常的物体来学习用光和构图，静物摄影的用光、静物摆放、色彩、背景等各种成分都可以重新安排，以获得满意的效果。如果照片不能获得期望的效果，我们还可以改变设置，重新拍摄。

静物摄影一般有两个用途：一是用于广告宣传，为推销产品或为企业做宣传；二是用于艺术创作，可以使人们从作品中体会到艺术。两者有很大的区别。因此在拍摄静物时，只有明确了目的和用途，头脑中才会根据需要，做出总体的构思，确定摆设静物的位置、方式，选取合适的拍摄角度和造型灯光等。

8.1 设备和灯光的选择

静物摄影一般都在室内拍摄，在设备和灯光上都有一定的要求。

1. 相机的选择

静物摄影对相机的要求是必须支持手动功能，手动模式可以精确控制曝光和对焦，在光线较暗的情况下，如果使用自动模式，数码相机会根据现场光线情况自动调高ISO、开启闪光灯等，高感光度必然会造成照片像素颗粒很粗，而闪光灯的启动则会影响画面的效果。

2. 静物箱

静物摄影在背景的选择上多用黑色和白色两种。我们只需要买一个折叠静物箱就可以了。有了这种静物箱，我们可以轻松地将室外过于直射且繁杂的阳光变为柔和统一的光线，这对于我们拍摄一些小饰品和静物来说，是非常有用的。当然，在室内有稳定光源的情况下，效果更好。目前国内各个城市的摄影器材市场都可以买到，价格为70～300元不等。

具有手动模式的相机

静物箱

3. 灯具

至于灯光，对于摄影爱好者来说，不可能买很贵的专业摄影灯，所以买一些普通的灯作为练习就可以。例如需要3个台灯，一个作为主光源，另外两个作为辅助光源。灯泡最好是白炽灯泡，亮度均匀，主光源灯泡功率80W就可以，副光源在30～40W之间，如果实在找不到白炽灯泡，节能灯也可以，但一定要预热10min左右，等光亮度稳定之后，再进行拍摄。

简易的灯具

8.2 静物的摆放

在大多数情况下，在拍摄静物之前，首先要做的是摆放静物，在拍摄之前可围着被摄物体转上几圈，找到最好的拍摄角度。从空场景开始，摄影师可以一件件地增加被摄物体，不断改变它们的位置，最终获得一幅完整的照片。

在静物摄影中，静物的合理组合搭配、位置的摆放是照片拍摄成功的关键。下面从以下几点来分别讲述静物摆放的规则。

8.2.1 避免死板地并列摆放

在拍摄多个静物对象时，简单的并列摆放方式通常难以创作成功的造型设计。并列排列只是几个物体的简单罗列，缺乏彼此间相互关系的看点和造型的美感。当这种情况出现时，画面中没有强有力的视觉中心，分散了观赏者的视线，照片会显得平庸乏味。因此，在拍摄静物时，应尽量避免死板地并列摆放物体。

如下图，画面中有规律地排列的衣服，看上去虽然曝光准确，画面简洁，但它却不是一幅引人注目的照片。照片中物体与物体之间十分相似，没有比较，缺少视觉中心，照片显得很平常。

拍摄参数如下

光圈：F6.3
快门：1/1250 s
ISO：100
曝光补偿：0 EV
焦距：70

当然，并列摆放静物并不是不可以，而是需要掌握一些技巧。并列摆放的物体，会自然形成一种对比，如果能把两个物体并列摆放在一起，并运用对称式构图来表现，能起到一种重复、强调的效果。

并列摆放成一字线的静物照片容易形成画面元素单一、死板的效果，如果能在拍摄时利用一些道具来打破这种单一的局面，也不失为一张好照片。

拍摄下图时为了避免两个相机并排摆放形成“一”字结构的死板画面，摄影师特意把相机背带摆放在画面一角，弯曲的线条给画面带来生机。

拍摄参数如下

光圈：F7
快门：1/80 s
ISO：100
曝光补偿：0 EV
焦距：50

8.2.2 错落有致的排列

当多个拍摄物体同时出现在画面中时，如何组合搭配才能产生良好的效果呢？如果你希望能表现多个物体各自的特征，那么在摆放物体时可以不分主要和次要，错落有致的摆放形式通常能拍摄出较好的画面效果。

如果你希望着重表现其中的某个对象，通过设计它在画面的位置、利用其他物体作为陪衬进行视觉引导，就可以获得理想的画面效果。

如左图所示，摄影师特意一前一后放置两支蜡烛，为了突出前面的蜡烛，让它们拉开一定的距离，再加上大光圈产生的浅景深，使得前面的蜡烛更突出。

拍摄参数如下

光圈：F4
快门：1/30 s
ISO：100
曝光补偿：0 EV
焦距：70

8.2.3　造型对比

同一类物体，在经过摄影师精心设计造型摆放后，往往能产生形状和功能的变化。合理地利用形态和功能的变化对它们进行组合搭配，可以在画面中产生造型和功能上的对比，使多个被摄物体表现各自的特点，或同一被摄物体的各个属性更加突出、更加吸引人。

如下图所示，画面中的两个笔记本电脑以不同的侧面摆放在静物台上，平放展示的是笔记本的超薄特点，竖起放的笔记本展示笔记本的轻巧外观，同一物体，不同侧面体现了不同的特点。

提示：

将照相机移动或放远，架高或置低，保持设置不变，可产生多种有趣的变化

拍摄参数如下

光圈：F4
快门：1/30 s
ISO：100
曝光补偿：0 EV
焦距：70

8.2.4　表现局部

拍摄静物类产品时，需要对物体的局部细节进行刻画，此时就可以不摄入物体的全貌。追求物体的细节表现是静物摄影中最主要的表现手段，展示局部细节的方法能更好地刻画静物的特征。

如下图所示，画面中只拍摄台灯的底座并没有拍出整个台灯，主要是通过局部拍摄来表现物体的质感，而背景的木质材料与拍摄的主体形成对比，同时也与被摄主体相融合，使被摄主体恰到好处地表现出来。

提示：

在拍摄垂直物体时，应注意被摄物体应该与相机位置水平保持一致。

拍摄参数如下

光圈：F3.5
快门：1/30 s
ISO：400
曝光补偿：0 EV
焦距：6.33

8.2.5 色彩与纹理

静物摄影中拍摄单个物体时，可以使用相对较强的光线。但是针对一些较大的收藏品，则需要使用比较柔和的光线。那么我们应学会使用光线来刻画画面中的细节部分，使画面看起来更加生动。

如下图所示，运用侧光拍摄，画面中静物的不规则条纹及丰富的色彩使画面更加独特，同时使用斜线构图的方式，将对象纳入画面中，增强画面的视觉效果。

拍摄参数如下

光圈：F3.5
快门：1/13 s
ISO：400
曝光补偿：0 EV
焦距：6.33

8.3 摄影棚中拍摄静物时的常规布光

摄影棚中的静物摄影创作其实并不难，广告摄影师的成功也是从这里开始的。经常被用来当做静物摄影主体的物品一般是在任何人家里都可以看到的日常物品，有时候，利用从窗户透进来的自然光，也能拍摄色彩丰富的鲜花和水果照片，但大部分静物摄影在简单的影棚中通过布光来完成可以达到更好的效果。

8.3.1 静物摄影常规布光

静物摄影中，摄影师把物品放在静物台上，以获得纯净的背景，再在静物台左右两侧各设一盏安装了柔光箱的影室灯以营造对称的光线效果，同时在照相机的闪光热靴上添加引闪装置。这种是最常见、适用范围最广的布光方式，它对反光率一般、材质普通的拍摄对象最为适用。灯光的投射角度有时会根据表现形式的需求发生变化，两盏灯可以从两侧转移到拍摄对象的左右上方，同样以45° 进行投射。

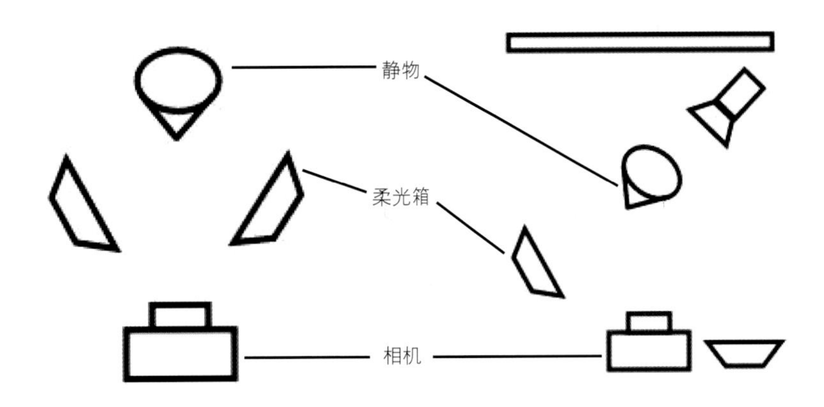

8.3.2　如何布光表现静物质感

在静物摄影中，光线的运用是非常重要的。静物摄影的用光主要是给静物造型和表现静物的质感。在静物摄影中一般很少用直射光，多用能表现质感的散射光。在拍摄时，要善于利用人们的心理状态和思维方式，但又不能拘泥于已有的模式。

物体的属性千差万别，对静物摄影来说，最重要的不同是来自物体表面的质感和反光率。当摄影师拍摄表面粗糙、质感强烈的物体（如麻布、树皮、花生壳）时，往往采用侧光的布光方式。在拍摄时，要充分运用不同角度的光线和光线的明暗关系、强弱及各种色光来表现不同静物。

侧光相比其他光线条件，可以在粗糙的物体表面产生立体感极强的明暗反差和变化，从而表现材质的质感，突出被摄对象的特点。为了避免被摄物体受光面和背光面的反差过大，摄影师可以在闪光灯的对面一侧添加一块面积不大的反光板，通过反光来减少画面的反差，营造和谐的光线效果。

左图使用侧光效果拍针织品，光线从左侧照入，同时使用微距模式，突出被摄体的材料质感。

拍摄参数如下

光圈：F3.5
快门：1/15 s
ISO：400
曝光补偿：0 EV
焦距：6.33

提示：

在静物摄影中使用侧光布光方式时，为了获得更强烈的直射光和单一的光线照射方向，通常都会去除闪光灯上的柔光箱，使软光变为硬光。

8.3.3 投影的处理

在拍摄静物时，光线的运用是非常重要的。但在运用光线的同时，光线照射的投影也给拍摄带来了很大的麻烦。因为在拍摄过程中，不只有一盏灯打光，有时会用到许多盏灯，这样画面中被摄物体上就会产生很多投影，严重破坏画面效果。有时为了表现静物摄影的真实感，又需要保留投影，清除没用的杂乱投影，这是需要技巧的。

减少画面投影的最好办法就是在拍摄静物时只用一盏灯，这样在画面上只有一个投影。要想保留画面投影的细节，可以用反光板来对投影进行补光，反光板不会产生新的投影。这样在画面上只产生一个投影，同时也对投影进行了刻画。

如左图所示，由于光线从右侧照入，同时只有一处光源，因此拍摄的画面中只有一个投影。

拍摄参数如下

光圈：F3.6
快门：1/13 s
ISO：100
曝光补偿：0 EV
焦距：6.2

也可以选择暗色调作为背景，这样，光照的投影和暗色调的背景融为一体，物体的影子就看不出来了，如下图拍摄画面。

拍摄参数如下

光圈：F4
快门：1/20 s
ISO：400
曝光补偿：0 EV
焦距：6.33

在拍摄时，用均匀的散射光照明。先用白布或白纸将拍摄对象包围起来，然后再用灯光从罩外射向物体。也可以将灯光打在白墙或反光板上，然后再反射到拍摄物体上，这样就不会出现投影了。还可以利用脱影箱来消除投影。在脱影箱外四周打上灯，将拍摄物体放在箱内拍摄，物体的投影即可消失。

8.4 如何使美食更具诱惑力

食品是静物摄影中的一大门类。拍摄美食的照片要让人感受到食品的新鲜、色彩丰富、富于营养等，表现出美食的色、香、味，起到唤起人们食欲的效果。

8.4.1 美食布光

食品摄影的主要目的是很好地表现出食品的色、香、味及质感，以引起大众的食欲。食品摄影是常见但又较为难拍的题材之一，主要是因为食品往往只在烹饪好的时刻才能达到完美的状态，而维持这一状态的时间只有几分钟甚至只有几秒钟之短。烹饪好的食品经过摆放、布光和测光以后，再被记录在照片上，就有可能变得晦暗而无生气。因此，把握好食品摄影的时机是非常重要的。食品摄影的主体是食品，但对餐具及其他陪衬物的选择也很重要。无论是中餐或西餐餐具，都应高档化、高品位，与食品相配要洁净、素雅、和谐、风格统一。画面构图应始终以食品为主，不可喧宾夺主。拍摄食品布光非常重要，美食通过灯光增强造型感。在拍摄时为增强色泽，一般不宜用硬光直接照明。

如下面两幅图，画面以白布衬底，红玫瑰花、小白花、小西红柿、香蕉做陪体，既能使画面统一，又丰富了画面的色彩，使主体更加突显鲜嫩可口。

拍摄参数如下

光圈：F5.6
快门：1/200 s
ISO：100
曝光补偿：0 EV
焦距：40

提示：

在拍摄美食时，可以使用微距模式，将局部细节进行突出，以增强美食的诱惑力。

拍摄参数如下

光圈：F8.0
快门：1/125 s
ISO：100
曝光补偿：0 EV
焦距：70

8.4.2　使用微距近距离拍摄

美食摄影中通常会使用微距进行近距离拍摄，尤其是在对美食进行局部特写放大时，通常用1:1放大倍率的微距镜头。运用这种拍摄手法时，局部细节充满整个画面，美食的色泽更加艳丽，同时在视觉上产生更大的诱惑力。因此越是描绘局部，越要细致地把握和精确地控制。

如下图，画面中拍摄精致的中式美食，运用微距拍摄的手法，将菜品放大特写，使画面更具有色泽，同时更具吸引力。

拍摄参数如下

光圈：F2.8
快门：1/320 s
ISO：100
曝光补偿：0 EV
焦距：6.2

8.4.3　从不同角度拍摄西式糕点

西式糕点多种多样，色彩丰富。我们可以运用不同的拍摄手法，去刻画西式糕点的精致做工与美感。在拍摄上我们可以运用平拍、俯拍和仰拍等不同的拍摄角度去展现西式糕点的多样化，突出西式糕点的美味可口。

拍摄参数如下

光圈：F4.0
快门：1/100 s
ISO：100
曝光补偿：0 EV
焦距：6.33

拍摄参数如下

光圈：F5.6
快门：1/200 s
ISO：100
曝光补偿：0 EV
焦距：6.33

8.5 实用的网购商品拍摄

现在网络已成为人们生活中不可替代的工具，其产生的神奇的力量已悄然改变着人们的生活。网购——这一互联网的衍生品，正以超常的发展速度成为新一代的消费趋势。那么怎样拍摄网购生活用品吸引客户呢？

8.5.1 拍摄网购生活用品，使你的商品更吸引顾客

网购生活用品的特殊性决定被拍摄物体在色彩上要鲜明，画面要富有真实感、简洁，让客户在选购商品时一目了然。在拍摄手法上也有一定讲究，既不能过于平庸也不能过于夸张。过于平庸的画面会使客户没有购买欲望，然而过于夸张的画面会让客户怀疑商品是否具有真实性。所以商品的真实性是拍摄的前提，也是最重要的一点。

下图在拍摄时借助主体对象色彩艳丽的特点，在画面中纳入多个商品，丰富并增强了画面的色彩效果，以提高人们的购买欲望。

拍摄参数如下

光圈：F3.5
快门：1/40 s
ISO：160
曝光补偿：0 EV
焦距：6.37

8.5.2 在纯色背景下拍摄服饰

纯色背景下拍摄服饰能使画面效果更加清新简洁，对服饰的描绘也更加清晰自然，特别是对服饰细节的描绘。

提示：

如果使用白色作为背景，则需要注意准确地控制曝光量。因为白色背景不同于其他颜色的背景，如果曝光量不足就会显得比较灰。要想准确地控制好曝光量，这就要求拍摄者有很好的拍摄知识和技巧。

拍摄参数如下

光圈：F8.0
快门：1/200 s
ISO：160
曝光补偿：0 EV
焦距：8

8.5.3 使用光线效果拍摄精致饰品

光线运用得恰当与否决定了饰品给人们的美观感。那么我们应该如何运用光线去拍摄好饰品呢？下面主要从顺光、侧光、逆光三个方面来分析。

顺光——顺光下拍摄的饰品能得到明亮清晰的效果，画面中任何细节都会一一呈现。由于光线是直接投射在被摄物体上，顺光下物体的色彩可能不够浓郁和强烈，反差也较小。

拍摄参数如下

光圈：F2.8
快门：1/250 s
ISO：100
曝光补偿：0 EV
焦距：6.2

侧光——侧光下拍摄，照片中会出现被摄物体的阴影。被摄物体的明暗反差较大，富有立体感。侧光拍摄时需要对曝光量有很好的控制。条件允许的情况下，选择点测光对画面主体进行测光，以保证曝光的准确性。

拍摄参数如下

光圈：F3.6
快门：1/15 s
ISO：100
曝光补偿：0 EV
焦距：6.2

逆光——逆光拍摄时，照片画面的视觉效果和顺光时完全相反，照片中被摄主体和背景存在很大的明暗反差。光线位于主体之后，在主体的边缘会勾画出一条明亮的轮廓线，使被摄物体从照片背景中脱颖而出。

拍摄参数如下

光圈：F5.6
快门：1/60 s
ISO：400
曝光补偿：0 EV
焦距：50

8.6 建筑物的拍摄

拍摄建筑物，无论是拍摄单个建筑还是群体建筑，为了寻找最佳的摄影视点，摄影者一定要事先全方位考虑一下所拍建筑周围所有可能的视点，并锁定一两个具有代表特色的、能使所拍城市建筑产生魅力和个性的视点来进行重点拍摄。通常情况下，高视点更便于全面展示现代建筑四周地面或水面的环境，让画面内的视野显得更开阔。

8.6.1 建筑摄影对称性的取舍

建筑相比其他拍摄对象来说，更加具有对称、和谐的整体特点。一般来说，对称性构图的画面往往缺少摄影的语言，只能直观地记录建筑物的表面特征，难以给观赏者留下深刻的印象。而非对称性构图容易缺乏严肃的庄重感，面对这样的问题时，摄影师要适当地做出取舍。

拍摄参数如下

光圈：F11
快门：1/500 s
ISO：200
曝光补偿：0 EV
焦距：45

8.6.2 不同画幅展示建筑物

在建筑摄影中横竖两种画幅都可以采用，横画幅易于表现建筑物的全景和容量，竖画幅则更易于表现建筑物的高大和气势。摄影师需要根据拍摄对象的具体特征做出选择。

拍摄参数如下

光圈：F11
快门：1/500 s
ISO：200
焦距：28

拍摄参数如下

光圈：F11
快门：1/500 s
ISO：200
焦距：28

8.6.3 不同角度展示建筑物

建筑摄影由于拍摄角度的不同，带来的画面效果和视觉效果也是截然不同的。在建筑摄影中，经常会运用仰拍或俯拍来反映一个建筑物所具有的特色。

仰拍——建筑摄影中经常会出现左右边缘向斜上方汇聚的情况，这是由镜头的透视畸变造成的。采用仰拍会出现近大远小的特殊透视效果，很多摄影者也利用这种特殊的透视关系营造建筑物雄伟的气势。在实际拍摄中，我们可以调整拍摄角度，用更仰的视角来得到更加夸张的透视效果，以得到更加理想的画面效果。

拍摄参数如下

光圈：F8.0
快门：1/1700 s
ISO：1600
曝光补偿：0 EV
焦距：6.2

俯拍——利用俯拍的角度往往能够收取城市和建筑的全貌，即使在单一对象上表现不够充分，也可以利用其他拍摄对象的特征来衬托它的特点。俯拍的建筑物给人一种视觉开阔的感觉，多用于展现一个城市的繁荣景象。俯拍视角在人们的视觉记忆中是稀缺的，一种不一样的视觉会给观赏者带来更加深刻的印象。

提示：

在建筑摄影中，不同的拍摄角度画面所表达的内涵也有所不同，光线的不同运用在建筑摄影中也会形成不同的画面效果。

拍摄参数如下

光圈：F10.0
快门：1/2 s
ISO：100
曝光补偿：0 EV
焦距：17

8.7 静物产品的拍摄

生活中常见的物品都可以成为静物摄影的拍摄题材。我们也可以从它们的形状、颜色、彼此之间的搭配及光线条件中发现形式规律。静物的摆放也存在美的要素，有规律地摆放给人整齐感，零乱自由地摆放赋予随意洒脱的自由感。静物拍摄在构图时应注意画面简洁，使观赏者的眼光停留在鲜明的被摄主体上。不要让被摄主体布满画面，这样会丧失构图的灵活性。要给人留下想象的空间才好。

拍摄参数如下

光圈：F2.8
快门：1/18 s
ISO：100
曝光补偿：0 EV
焦距：6.8

8.7.1　拍摄透明的玻璃制品

玻璃制品是静物摄影中比较难拍摄的，玻璃制品不但透明，还会反射出明亮的光斑。如用前侧光照明，大部分光线会透过物体，只有一小部分被反射。不管使用什么背景和色彩，玻璃物体只能隐约可见。拍摄玻璃制品最佳的表现手法是：在明亮的背景前，被摄体以黑色线条呈现出来；或在深暗背景前，被摄体以亮线条呈现出来。

1. 黑线条表现——勾勒出透明物体的黑边

透明的玻璃制品都属于高反光物体，如果使用常规方式拍摄玻璃器皿，物体表面很容易产生很多个高光泛光点，同时周围的细节也丧失殆尽。那么，我们应该采用什么布光方法解决这一难题呢？将一盏装配有柔光箱的闪光灯置于拍摄物体的后方，在拍摄时闪光灯会将绝大部分面积的玻璃穿透，并在它的边缘勾勒出一条黑线。这种非常规的布光方式简单易行、效果完美，如左图所示。

拍摄参数如下

光圈：F4
快门：1/30 s
ISO：100
曝光补偿：0 EV
焦距：70

2. 亮线条表现——勾勒出透明物体的亮边

亮线条表现的背景一定要深暗色调，才能衬托出被摄体的明亮轮廓。亮线条的布光是在被摄体的两侧后方，各置一块白色反光板，然后再用定向的直射光源，如聚光灯或加蜂巢聚光器的泛光灯照射反光板，利用反光板反射出的散射光照亮被摄体的两侧，形成明亮的线条。

拍摄参数如下

光圈：F5.6
快门：1/15 s
ISO：200
曝光补偿：0 EV
焦距：70

提示：

玻璃制品在拍摄前都必须作彻底清洁，任何灰尘或污迹，甚至指纹都会影响玻璃质感的表现。另一种布光法是在被摄体的侧上方用雾灯、柔光灯或其他扩散光照明被摄体，被摄体两侧用反光板补光，可使玻璃制品的两侧外轮廓及顶面出现明亮的线条。

8.7.2 拍摄铮亮的金属制品

金属器具拍摄的关键是布光，在布光时如何处理金属表面的反光，很大程度决定了拍摄的成功与否。不反光的金属制品，如铸铁、铸铝、喷砂或氧化处理后的表面，是较容易照明的，光源使用泛光灯或柔光灯均可。

半反光的制品，如铜器、银器、锡器等，需要用反光板或大面积散射屏进行照明，用一只低功率的聚光灯以很小比例的直射光照射主体，产生表现金属表面不可缺少的高光点。

金属器具中布光最困难的就是强反光的物体。对这类物体的照明原则是，让被摄体的所有可见光亮表面都反射被照明的白色反光板或散射屏的影像。

拍摄参数如下

光圈：F3.5
快门：1/15 s
ISO：400
曝光补偿：0 EV
焦距：6.33

暗光摄影

暗光摄影是常见的摄影题材，也称为夜景摄影。暗光摄影包括很多方面，主要是指在夜间室外灯光或自然光下的拍摄，它与日光下拍摄的方法和效果不同。暗光摄影主要以被摄景物和周围环境的灯光、火光、月光作为主要光源，以自然景物和建筑物以及人物作为拍摄对象。由于暗光摄影是在特定的环境和条件下进行拍摄，往往受客观条件的限制而带来一些拍摄的困难，所以夜间摄影比日间摄影需要考虑更多拍摄条件。只有掌握好拍摄技巧，才能创造出独特效果和风格的画面。

9.1 夜景拍摄前首先进行测光

想要拍好夜景，首先要解决的问题是正确曝光。当拍摄远距离景物时，黑色的天空会影响相机的测光读数，使拍摄出来的照片曝光过度。如果在拍摄时受到直射灯或其他强光影响，拍出来的照片又常常会曝光不足。夜景拍摄最难的就是测光，夜景中灯光照射区域有限，画面中大部分区域笼罩在黑暗之中，因此推荐使用点测光和区域测光模式进行正确的测光（点测光、区域测光的具体操作方法请参照3.5节），避免曝光过度或曝光不足的情况发生。测光时，应该选择画面中亮度均匀适中的区域作为测光的依据，从而测出正确的曝光值。

左下图拍摄夜景建筑时，由于光源光线直射入镜头，使数码相机测光系统的读数不准确，而造成照片曝光过度现象。

右下图中，拍摄对焦点指定画面中最亮部与最暗部的过渡区域，进行准确的测光后拍摄，可以看到拍摄的画面亮度正常。

提示：

照片拍完后，通过LCD屏幕查看效果，如果不满意拍摄效果，可以加减AE值重新进行拍摄。但是要注意的是，通常黑暗中LCD查看的显示效果和实际照片效果也会存在一定的偏差，显示的效果比实际效果更亮一些。此外，数码相机的机型差异也不可忽视。在浏览照片时也应考虑这些因素。

9.2 为什么一定要必备三脚架进行夜景的拍摄

夜景拍摄中，被摄画面大部分区域处于暗光区域，光线强度较弱，因此需要更长的曝光时间，此时三脚架是必不可少的设备。

三脚架的选择在1.5.2小节中已为用户进行了详细的介绍，可参考进行购买。在没有三脚架的情况下，拍摄者可以选择一些固定的物体作为支撑点，如半人高的台面、桌子椅子等，但拍摄效果不如使用三脚架，达不到灵活方便的效果。夜景拍摄时，还可以开启自拍功能，结合三脚架的使用，避免拍摄过程中的抖动，从而创造更为清晰的画面成像。

9.3　拍摄城市繁华夜景

“越夜越美丽”这句话对于夜晚的城市而言，真是恰如其分的。不眠的城市拥有丰富的色彩、鲜艳的灯光，由此夜景的拍摄成了摄影的一个题材。夜晚的城市中，有光的地方都可以拍摄出风景，汽车尾灯、居民楼照明灯、马路路灯等，都是极好的拍摄对象。

9.3.1　车流的美妙线条

利用长达几秒、甚至几十秒的曝光时间来捕捉车流如织的景象，行驶中的汽车车灯可以构成独特的线条，这些唯美的线条是夜景摄影中独有的美景。

拍摄参数如下

光圈：F11
快门：4 s
ISO：100
曝光补偿：0 EV
焦距：7.6

上下两图对比，使用不同的快门速度，拍摄出的画面效果也不一样。

拍摄参数如下

光圈：F8
快门：1/2 s
ISO：100
曝光补偿：0 EV
焦距：25

9.3.2 将灯光星光化

在拍摄时夜晚的灯光常常会形成刺眼的光斑显示在画面中.改变拍摄的参数设置后,可以将其变为星光，一跃成为画面的点睛之笔。拍摄时,对刺眼的灯光把握非常重要，只有做到理想中的转化，才不会破坏画面。

通常把灯光变为星光的方式有两种：一种是使用最小的光圈，光圈越小，效果越明显；另一种是在镜头前加一个专用的星光镜。当使用小光圈时，星光效果更自然，缺点是过小的光圈降低了画面的质量。使用星光镜时，星光效果夸张，美感十足，但是过于夸张的手法容易使其失去自然真实性。

左图拍摄使用的是最小光圈，把刺眼的灯光演化成夸张的灯花，采用了第一种方式。

拍摄参数如下

光圈：F2.8
ISO：100
曝光补偿：0 EV
快门：1/125 s
焦距：60

9.3.3 方块式灯光

在夜幕降临后，一些平时难以引人注意的场景会变得分外夺人眼球，成为摄影师捕捉的对象。一栋普通的居民楼在夜晚也可以拍摄出安静祥和的效果。

下图中，位于不同楼层的住户开启的灯光形成了零星的方块式灯光，在远距离拍摄时，呈现了与白天完全不同的景象，显示出夜晚安静的气氛。

拍摄参数如下

光圈：F11
ISO：100
曝光补偿：0 EV
快门：2 s
焦距：25

9.3.4　控制曝光拍摄城市建筑

建筑物在夜晚被五光十色的装饰灯所装点，同样也装点着我们的城市。绚丽的灯光使得夜晚的建筑物更添光辉。城市建筑是固定不可移动的物体，光源也很独特，与日光摄影有所不同，日光摄影中通过不同的角度可以体现物体不同的明暗面、立体感。而夜景拍摄中，光源成为被摄的主要对象，且包含在画面里面，因此只能通过光源光线来展示效果。在拍摄时，我们必须找到一个合适的测光区域，进行准确的曝光。曝光值的大小，直接影响到画面的最终成像效果，因此控制曝光成为拍摄城市建筑的首要条件。

如下图所示，经过准确的测光后，拍摄画面中的影像更清晰，夜景更美。

拍摄参数如下

光圈：F3.5
快门：1/50 s
ISO：400
曝光补偿：0 EV
焦距：23

如左图所示，小光圈的使用，让画面中的每个物体都清晰可见，立体效果更好。

提示：

夜景拍摄时，采用小光圈、慢快门能捕捉更多静态景物，使其更清晰。

拍摄参数如下

光圈：F11
快门：1/10 s
ISO：400
曝光补偿：0 EV
焦距：80

9.3.5 湖光水景和喷泉拍摄

经过白天繁忙的工作，夜晚的湖边成为了人们休息聚集的地方，在这里品品小茶聊聊人生，也别有一番风味，体会生活中不尽的乐趣。夜晚时分，湖泊两岸色彩绚丽的灯光被时动时静的湖水映衬出不同颜色的线条，不同的色彩融为一体，场景美轮美奂。拍摄这类场景，在构图时需要注意预留出水面的空间。如果拍摄时湖面有微风吹过，摄影师还可以通过对曝光时间的控制来记录湖面的质感和色彩变化。测光时，只需对倒影里亮度均匀的部分进行点测光，就可以得到完美的画面效果了。

如下面两图所示，拍摄者在构图时，特意多留了一些水面的空间，这样画面不会显得拥挤，同时湖水把夜色下岸边店铺的灯光映照得更加美丽。

拍摄参数如下

光圈：F8
快门：15 s
ISO：100
曝光补偿：0 EV
焦距：31

拍摄参数如下

光圈：F5.6
快门：1/2 s
ISO：100
曝光补偿：0 EV
焦距：45

喷泉在五颜六色的灯光照射下，水柱显得格外漂亮。喷泉的拍摄与湖光水面拍摄不同，通常随着音乐节奏的变化，喷泉喷射的高度也随之变化。因此在拍摄时，我们要先观察、了解水柱的高度，再进行构图，尽量不要让水柱超出画面。

如下图的拍摄喷泉夜景时，喷泉上方需预留一定的空间，制造出一种运动感，减少空间狭隘、画面紧迫的感觉。

拍摄参数如下

光圈：F5.6
快门：1/4 s
ISO：100
曝光补偿：0 EV
焦距：22

左图是截取喷泉的局部进行拍摄，去掉了环境中不必要的杂乱光源，同时减少曝光量，背景中的景物被更好地隐藏在画面中，突出了喷泉效果。

提示：

拍摄喷泉选择角度时，需注意背景环境中不要含有其他灯光，如路灯或车灯，以免破坏画面。

拍摄参数如下

光圈：F5.6
快门：1/4 s
ISO：100
曝光补偿：0 EV
焦距：22

9.3.6 美妙的焦外成像

焦外成像是指在焦点之外的成像画面。使用长焦镜头配合大光圈拍摄浅景深的焦外成像，可达到更好的效果。照片景深之外的大部分面积被虚化，此时，一些明亮的光源会在焦外呈现出接近圆形的光斑。巧妙地排列这些光斑，可以拍出特别的画面效果。

下图在拍摄时，使用手动对焦模式，被摄的装饰灯光源处于景深范围之外，通过取景器观察焦外成像的效果，随着焦距的变化，画面中光斑的面积和清晰度都会发生变化。调节焦距到满意的效果后，按下快门，即可拍摄出迷人的焦外成像照片。

拍摄参数如下

光圈：F6.3
快门：1/50 s
ISO：100
曝光补偿：0 EV
焦距：50

焦外成像的效果取决于镜头的光圈、焦距以及相机内部的机械设计。镜头内部的光圈叶片数量越多，光圈越接近圆形，焦外成像的效果越迷人。

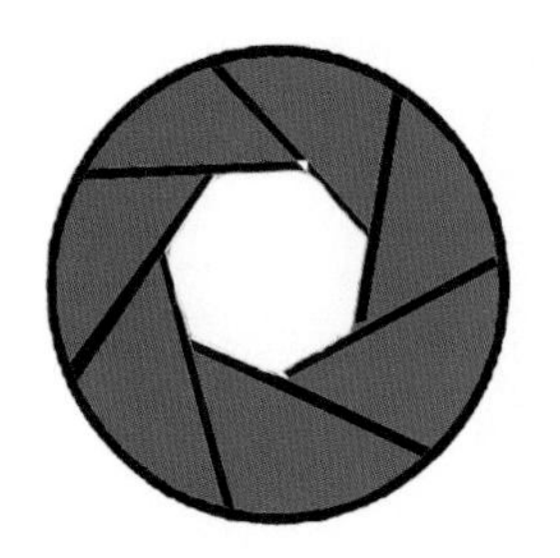
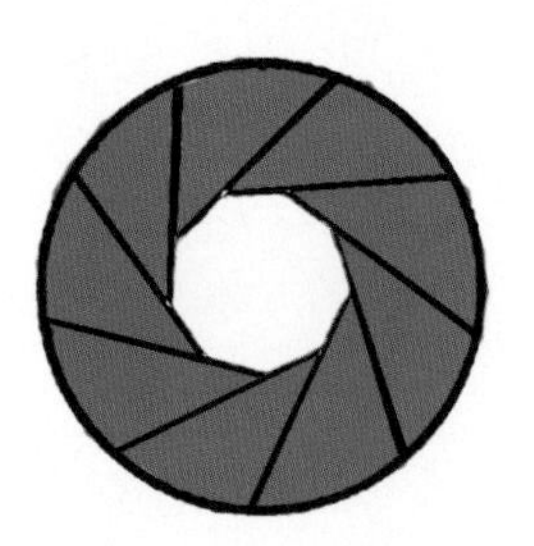
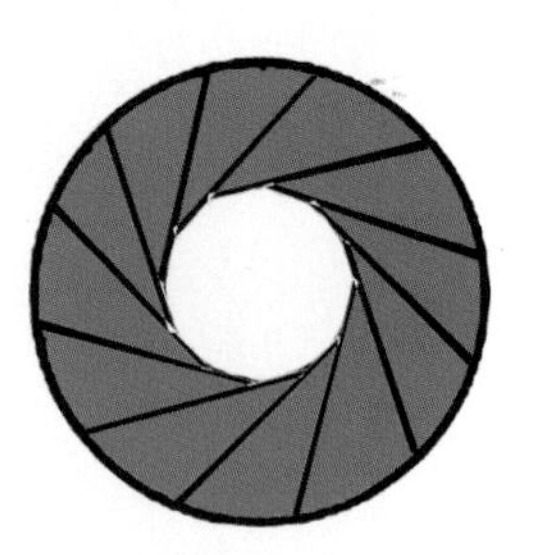

光圈页片的数量和形状可以决定焦外成像的圆润程度

如下图所示，焦外成像效果可构成美妙绝伦的画面。

拍摄参数如下

光圈：F4.9
快门：1/20 s
ISO：100
曝光补偿：0 EV
焦距：66

9.4 如何将烟花拍摄得更加生动

烟花的拍摄有一定的难度，也只有掌握一定的技巧才可以拍摄出理想的照片。烟花不同于其他夜景拍摄，因为烟花燃烧后，火焰在天空中维持的时间很短，在短时间内完成正确的曝光、构图、对焦是件非常困难的事。如何在数码照片上呈现出烟花精彩的一幕，需要摄影师有相当熟练的拍摄技巧。

9.4.1 准备工作

虽然烟花在天空中停留的时间很短，但在拍摄时也不可急于拍摄。烟花开放时，首先要耐心观察烟花的高度和方向，同时观察风向，然后选取理想的角度和合适的焦距，提前为拍摄做好准备。一般来说，顺风角度要比逆风效果更好，顺风能将空气中烟花燃烧产生的残烟和灰烬刮向远处，避免画面中的杂乱现象，使画面更通透。

如左图所示，是采用顺风方向拍摄的照片，如果是逆风拍摄，烟花很可能全部被灰烬和浓浓的残烟遮盖。

拍摄参数如下

光圈：F5.6
快门：1/40 s
ISO：100
曝光补偿：0 EV
焦距：33

适当减小曝光量，就可避免浓烟破坏画面。

拍摄参数如下

光圈：F11
快门：1/30 s
ISO：100
曝光补偿：0 EV
焦距：30

9.4.2 选择合适的拍摄时机

我们知道，烟花燃放时，形态一般是由小变大，拍摄时，可以选择时机拍摄记录不同开放状态下的烟花。画面中烟花的数量要适量，不要太多，也不能太少。最好的画面效果是中间有一个燃放的较大的烟花主体，周围再有两三个较小的烟花作陪衬，使主次分明。

如左图所示，当烟花上升到顶点成为放射形时进行拍摄。

拍摄参数如下

光圈：F6
快门：1/40 s
ISO：100
曝光补偿：0 EV
焦距：30

9.4.3 拍摄时的对焦

烟花是立体而非平面的，为了使每个细节都呈现出来，可以采用手动对焦合并设定小光圈，来控制画面达到深景深的效果。拍摄烟花还要尽量寻找高角位，角度越高，越容易拍摄到整体风貌。

左图的画面中，小光圈使烟花各个部分都清晰显现。高角度拍摄，照片的纵深空间得到恰当的表现。

拍摄参数如下

光圈：F8
快门：1/50 s
ISO：100
曝光补偿：0 EV
焦距：63

9.5 拍摄月夜星空

在夜空中闪烁着美丽星星，你一定也想记录下它的美丽景象。在天体类摄影中，被摄体通常较暗，并且距离很远，这就为拍摄带来了一定的困难。要想拍出满天星星的照片也并不是实现不了，有效利用三脚架配合适当的镜头，照样可以拍摄出漂亮的星空照片。

9.5.1 使用三脚架掌握拍摄月夜的技巧

以月夜星空为主题的照片被摄体都很暗，因此需要更长的曝光时间，如几分钟或长达一小时，使用三脚架拍摄是必须的。在拍摄时，为了得到更好的稳定效果，应避免将三脚架的各节伸出，而是以原长度使用，因为各节放出后容易受风、震动的影响，有可能形成影像的模糊。如果是在郊外拍摄月夜，三脚架应放置在以稳定为基础的地面并进行固定，同时可以在三脚架上悬挂沙袋等重物，以增加其重量，避免拍摄时的晃动。

9.5.2 如何拍摄星空

拍摄以星空为主题的照片首先要选择地势并放置三脚架。拍摄地点可以选择在大气明澈且又远离城市和公路的乡村，因为城市里和公路上的灯光会向上散射，影响拍摄效果。

合理构图也是拍摄星空重要的环节之一。拍摄时并不需要追随星星的移动进行摄影，地上的事物相对照相机是静止的。因此构图时可将地上景色摄入画面。接下来就是对焦与曝光的问题，首先把对焦模式调到手动对焦挡，再把对焦点调至无限远位置。曝光时采用B门模式，曝光时间短，星星的影像便可接近于点状，而没有移动的痕迹。光圈大小可根据曝光时间及感光度决定，当光圈、快门、构图等一切就绪以后，按下快门即可。

左图是使用普通数码相机进行拍摄的，画面中的星星虽没有肉眼所见的明亮，但仍然可以表现夜空的安静景象。

拍摄参数如下

光圈：F2.8
快门：15min
ISO：800
曝光补偿：0 EV
焦距：30

提示：

利用三脚架并延长曝光时间都可以拍摄出简单的星空照片，为了增加照片的构图效果，在拍摄时可借助远处的山脉、大海、街道等地面风景增加构图的特色，使拍摄的画面更加丰富，具有视觉冲击力。

9.5.3 星星的轨迹

拍摄星星的轨迹，我们需要一个坚固稳定的三脚架和一台带B门的相机。当星星运动的轨迹角度约10°时，拍摄出来的画面给人以相当不错的运动印象。如果要拍摄这种轨迹，大约需要40min的曝光时间。曝光时间越长，画面中留下的轨迹就越长。拍摄星星的运动轨迹，使用ISO 400并调节到最大光圈拍摄出的效果将更好。因为感光度和曝光量的增加意味着照片中能看到更多的星星。

拍摄左图时，照相机被安装在稳固的三脚架上，使用B门进行长达40min的曝光，将星星的运动轨迹记录下来，画面呈现类似流星雨一样的美景。

提示：

需要长时间曝光的星星拍摄，使用快门线拍摄，能防止手按快门时引起的影像模糊。

拍摄参数如下

光圈：F1.8
快门：30 min
ISO：400
曝光补偿：0 EV
焦距：70

在拍摄星空时曝光时间短到几分钟，长到数小时，拍摄者可根据需要自行设置。曝光时间短，星星的流线量少，影像接近点状或短直线，曝光时间越长，呈现的弧线效果越明显。星星的运动流线随着接近天空极（天空的北极和南极）的距离相应缩短，越接近天空赤道附近的星星，运动流线越长。

如下图所示，设置曝光2h进行拍摄，记录星星运动轨迹呈弧型的效果。

拍摄参数如下

光圈：F1.8
快门：2 h
ISO：400
曝光补偿：0 EV
焦距：47

9.5.4 使用望远镜拍摄月亮、星星

许多天文现象不需要天文望远镜就能观看到，比如日蚀、月蚀等，但如果你想拍摄到清晰的月亮，并使其在画面中占较大比例时，则需要配合使用望远镜头。

普通的相机镜头焦距在200mm以内，调节焦距后拍摄的月亮在画面中也只能占一小块面积，无法达到清晰的放大效果。而望远镜的物镜焦距更长，较常见的是700～900mm，拍摄时可以获得更大的变焦倍数，因此非常适合跟踪拍摄月亮等深空天体。在拍摄清晰画面的月亮、星星时，应配备以下设备进行拍摄。

- 赤道式天文望远镜，如左图所示（一般天文望远镜头可取下并安装在照相机上）。
- 与相机镜头卡口、目镜座吻合的摄影接口。
- 具有可拆卸镜头、磨沙屏或缺口等对焦装置的相机。

具备以上这些设备，就可以尝试着自己拍摄美丽的星空了。

左图中，月亮呈清晰的效果，如此近距离贴近月球进行拍摄，只有配合使用望远镜头才能达到这样的效果。

拍摄参数如下

光圈：F8
快门：1/8 s
ISO：400
曝光补偿：0 EV
焦距：1000

左图中使用普通相机镜头进行拍摄，对比上图可以看到，短焦距镜头拍摄的月亮明显小于远望镜头拍摄的月亮。

拍摄参数如下

光圈：F5.6
快门：1/2 s
ISO：400
曝光补偿：0 EV
焦距：600

9.6 去除耀斑，学习拍摄余晖

拍摄余晖时，常常从侧逆光的角度拍摄，需要更好地掌握拍摄角度与技巧，才能展示美丽的景象。如果采用正侧角度直接拍摄光源，强烈的光线照射在镜头上，常常会产生耀斑现象，影响照片的成像效果。此时可以改变拍摄角度，也可以使用遮光罩，避免光线直射到镜头上。同时由于偏振镜是灰色的，对通过偏振镜的各种色光都不会被吸收，所以在拍摄时也可使用偏振镜去除耀斑。当偏振镜的方向与太阳光夹角为90° 时，天空中的明亮光线被阻挡；当二者夹面为0° 或180° 时，不起偏振作用。也就是说，偏振镜在使用时对光线的角度也是有要求的。在绝对逆光和顺光下偏振镜会丧失作用。

如左图所示，拍摄时使用偏振镜压暗了天空，使云的层次更丰富，画面上不会留下明亮的耀斑，反差减小，同时偏振镜增添了画面的饱和度。

拍摄参数如下

光圈：F8
快门：1/125 s
ISO：100
曝光补偿：0 EV
焦距：22

提示：

傍晚日落时光照的色温通常为3200K，照片中天空的颜色会偏红。实际拍摄时，为了夸大红色效果表现余晖，还可以在镜头前面加一个偏振镜使拍摄的云彩、天空的色彩更饱和，适当地压暗天空，突出余晖效果。

左图的照片是没有使用偏振镜拍摄的画面，与上图对比，很明显画面色彩饱和度低，颜色发灰，画面的明亮区域产生了耀斑。

提示：

在侧逆光下运用偏振镜时，还应安装遮光罩，以免阳光直接投射到镜片上，产生严重眩光。

9.7 调整快门，拍摄篝火晚会

篝火晚会通常较难表现，也不易捕捉，因此不易被拍摄。火焰的亮度和环境中景物的亮度相差较大，通常会形成大反差效果的画面，也给测光带来一定程度的困难。

在拍摄篝火晚会活动的照片时，很容易出现环境背景全黑，而篝火的影像却能清晰可见，如下图所示。最简单的解决方法是使用曝光补偿或手动曝光，用较长的快门速度来补偿暗部层次。此时则应配合使用三脚架进行拍摄。

拍摄参数如下

光圈：F8
快门：1/80 s
ISO：200
曝光补偿：0 EV
焦距：70

拍摄篝火晚会使用点测光或中央定点测光模式能获得更准确的曝光值。测光时，可接近被摄的主要人物进行测光，然后通过曝光锁定功能重新构图。手动模式拍摄时，在光圈的选择上要视情况而定，光圈并不一定是越大越好，光圈越大，画面中能看到的清晰景物越少，不利于拍摄大场面及人物较多的照片。

左图中同时展示了人物与篝火，虽然画面中的火焰有些曝光过度，但环境中的人物曝光较为正常，整体画面效果展示了出来。画面中人物有模糊现象，这是由于延长曝光时间的过程中，画面中的人物运动而造成的。

拍摄参数如下

光圈：F5.6
快门：1/50 s
ISO：200
曝光补偿：+1.3 EV
焦距：33

提示：

拍摄时尽量不要使用闪光灯，否则篝火晚会现场柔和的色彩会在照片上荡然无存，同时干涩、生硬的白色闪光的有效距离不是很远，画面中还会造成稍远的景物、人物都会被黑暗吞没。建议拍摄时关闭闪光灯，如果使用的是便携式相机则可以选择“闪光强制关闭”功能。

9.8 夜景摄影中的动态虚影

很多时候我们都喜欢避开人群进行拍摄，在拍夜景时，特别在拍摄城市夜景风貌时，将人物同时摄入画面，可增强城市的动力，表现城市的活力。夜景拍摄时使用慢速快门画面中的行人会呈现透明的虚影，制造不同的灵活效果，为画面增色不少。

如左图所示夜色下动感模糊的人群，为照片增加不少气氛。

拍摄参数如下

光圈：F10
快门：1 s
ISO：100
曝光补偿：0 EV
焦距：6.8

9.9 火焰拍摄

蜡烛、油灯和火焰光的色温通常在1500~2000K间，在众多光源中火焰的色温是较低的，但它金黄色的光线却常常成为人们的拍摄对象。

火焰类光线常常会随风轻微地摇曳，此时光线的密度和色温都会发生相应的改变。长时间曝光拍摄，将摇曳的火焰集为一体，展现更灵巧的火焰效果，更加吸引人。

火焰是点光源，例如一支蜡烛会发出明亮的高光，一堆蜡烛在一起则会产生独特的柔和光芒，黄色效果更加饱满。

如左图所示，摇曳的烛光，在慢快门下火焰集结为一束呈渐变色的光源，展示独特的魅力。

拍摄参数如下

光圈：F36
快门：1 s
ISO：100
曝光补偿：0 EV
焦距：50

10 照片的基本处理

数码照片在拍摄完成后，通常会传输到计算机中进行后期处理，使其更加完善，显示更好的画面效果。通常在计算机中可以进行简单地复制、粘贴、删除等操作。借助图像处理软件，运用其多样的处理功能，则可以创作出更具特色的照片特效或模板，使其更加吸引受众的眼球。

10.1 完成拍摄后将相机内的相片输入计算机中

照片拍摄完成后，用户会选择出满意的照片并将其送到冲印店进行冲洗。在此之前都会把数码相机中的照片传输到计算机中，进行浏览、删除、复制、粘贴等操作。虽然在数码相机上也可以查看照片，但受LCD屏幕大小的限制，其查看效果远不如在计算机中那么清晰。

10.1.1 使用数据线传输

通常，数码相机包装盒内都会配送一根连接计算机的数据传输线，用于将相机中的照片传输到计算机中。数据线与计算机连接的一端称为USB接口，照片在传输时通过数据线输入电脑。另外，还会附送一个光盘驱动，老式的数码相机需要安装专门的USB驱动，才能实现与计算机的连接。现在很多的数码相机都不需要专门的驱动，直接与计算机连接即可，使数据的传输更加方便。

下面为用户介绍传输照片的具体操作过程，以富士S9600为例，其具体的操作方法如下。

步骤1 打开富士S9600侧面的盖子，如下图中红方框所示为USB端接口。使用数据线通过这个端口把相机与计算机的USB端口相连。

步骤2 完成计算机和数码相机的连接后，打开富士S9600顶端的电源开关。在计算机“我的电脑”窗口中，就可以找到数码相机存储卡（在计算机中显示为“可移动磁盘”），如下图所示，打开文件夹即可浏览照片，并执行复制、粘贴或删除操作。

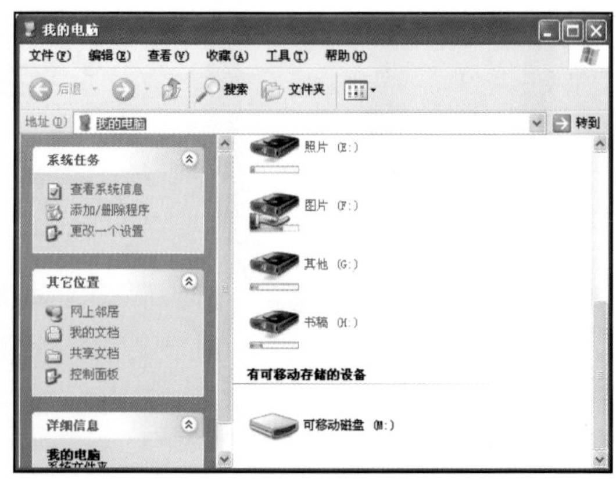

提示：

把数码相机中的照片转存到计算机中，建议最好不使用剪切功能，避免在传输过程中由于数码相机电量不足，而导致存储卡中的数据丢失无法找回的情况发生。

10.1.2　使用读卡器传输

除了可以使用数据线进行传输外，还可以使用专门的读卡器把存储卡上的照片传输到电脑上。在使用读卡器时，用户只需要将数码相机中的存储卡取出并放置到读卡器中，再将读卡器插入计算机中的USB接口，即可查看存储卡中保存的拍摄照片。由于读卡器使用方便，便于携带，因此被广大消费者所喜爱。

目前市场上的读卡器的种类繁多，价格从十几元到一百多元不等。从产品的功能方面，可分为单一式和兼容式读卡器。单一式读卡器只能读取一种闪存卡，如左下图所示。兼容式读卡器可以读取多种类型闪存卡，如六合一读卡器，可以同时读取CF卡、MicroDrive、SD卡、MMC、SONY记忆棒、SM卡六种主流类型的闪存卡，如右下图所示。

读卡器的优点在于它并不局限于某一台数码相机，可用于多种类型存储介质的数据传输。其传输的速度要比数码相机的数据传输线快，从传输上节省了更多的时间。通常读卡器的USB接口都是2.0的，传输速度是48MB/s，而数码相机数据传输线的传输速度通常为12MB/s。

10.1.3　PC卡适配器

PC卡适配器用于笔记本电脑中的PC卡插槽中，通常适配器比名片稍长一点，在一端有分别有一个凹槽，不同的凹槽可以分别插入CF卡、IBM MicroDrive、索尼记忆棒或SM卡。再将适配器插入笔记本PC卡插槽中，存储卡就会以硬盘驱动器的形式显示在笔记本电脑中，可浏览与查看存储卡中的照片内容。

适配器的使用方法十分简单，它们不需要任何驱动程序，在传输速度上面，其速度也较快。适配器最大的缺点在于，针对每一种类型的存储卡，都需要一个专用的适配器。因此当用户有多种存储卡时，就会变得十分麻烦，并且适配器只能用于笔记本电脑上，也增加了其使用的局限性。

10.2 照片文件的浏览与设置

拍摄完成的照片，可以在计算机中浏览与查看。用户在计算机中浏览照片的同时，还可以对照片进行简单的处理，如对照片进行重命名、删除曝光过度或对焦不清晰的照片、对照片进行等级归类和划分等。

10.2.1 浏览照片时可以快速观看缩略图效果

在计算机中浏览多张照片时，可以通过缩略图的方式来预览照片效果。缩略图是把整个文件夹中的图片以缩小的形式排列显示在文件夹中，大大方便了用户对图片文件的浏览。例如，当我们想从文件夹中找出某一张需要的图片时，如果一张张打开查看，这种方法很烦琐，消耗的时间也较多；如果用缩略图来浏览并查找，就方便得多。通过缩略图显示文件时，文件夹中能同时以小图的形式显示多张图片，用户可以快速地从多张照片中找出需要的照片，其具体的操作方法如下。

步骤1 在“我的电脑”窗口中打开照片所在的文件夹，如下图所示。

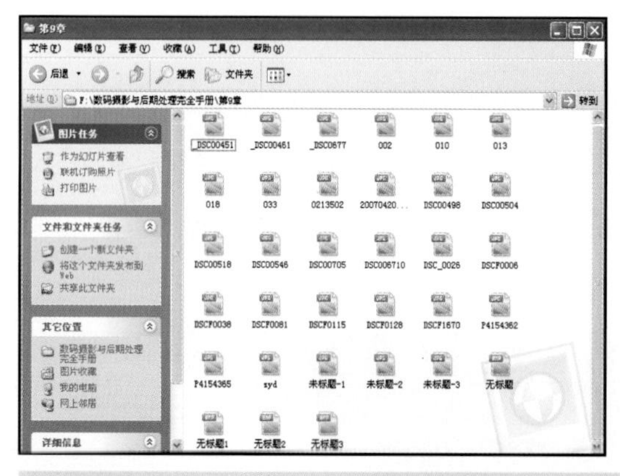

步骤2 单击窗口菜单栏中的“查看”按钮，在展开的列表中单击“缩略图”选项，如下图所示。

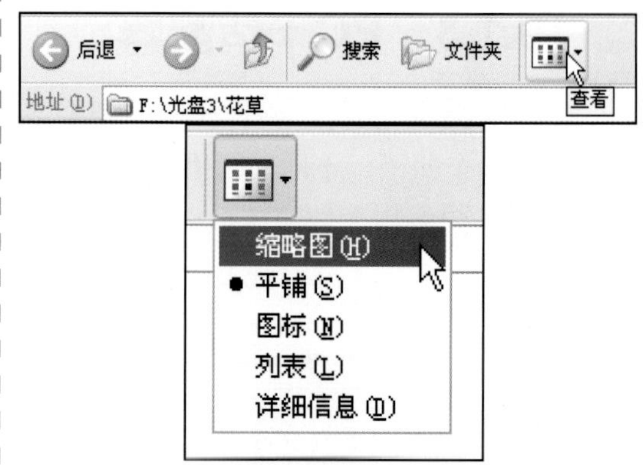

提示：

当用户使用缩略图查看图片文件时，有时候会遇到缩略图预览的图片与实际照片内容不相符的情况，这是因为在图片的exif标准里含有一个可以保存原图缩略图的数据块，不同的看图软件在显示缩略图的时候，会各自采取不同的策略，有的直接调用这个缩略图数据块，有的把原图的数据进行缩放。当显示不一致时，则是由于exif标准里缓存了计算机中以前具有相同名称的图片信息，此时只需要在照片文件上单击鼠标右键，执行“刷新”命令即可显示正确的照片内容。

步骤3　窗口中以缩略图的形式显示图片文件，用户可以快速浏览文件夹中的图片内容，如右图所示。

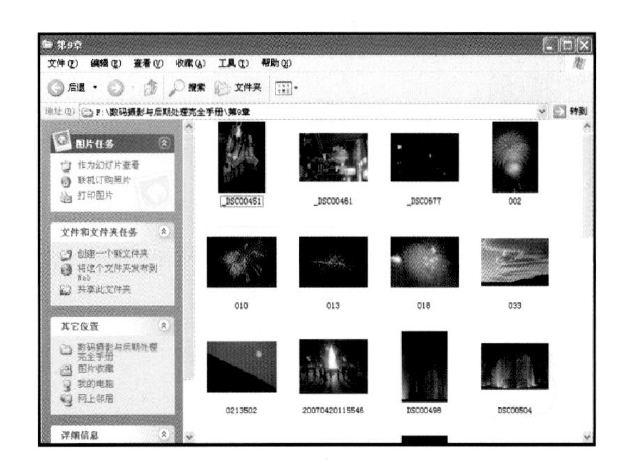

10.2.2　浏览过程中给文件做标记

在浏览照片的过程中，还可以为图像文件添加标题、主题、作者名称、备注、关键字等相关信息，具体操作步骤如下。

步骤1　在图片文件上，单击鼠标右键并在展开的列表中选择“属性”选项。

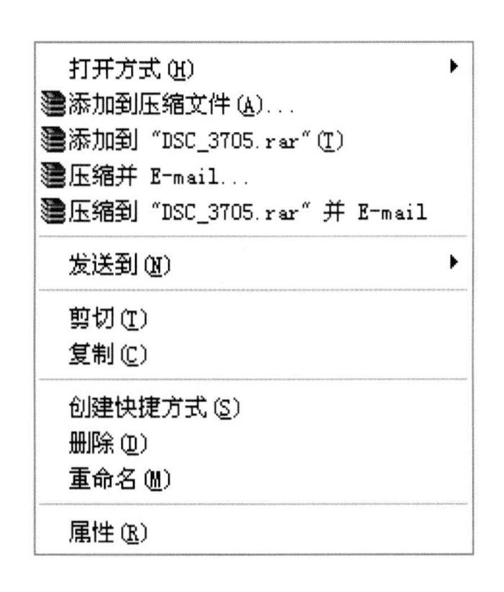

步骤2　打开“属性”对话框，切换到“常规”选项卡下，可查看文件大小、位置、创建时间等相关信息。

步骤3　切换到“摘要”选项卡下，可输入标题、主题、作者、类别等相关的信息，还可以添加备注，从各个方面对照片进行标注与说明，设置完成后单击“确定”按钮即可。

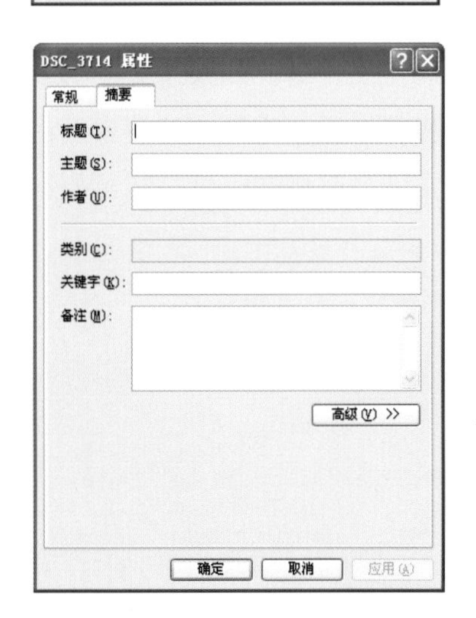

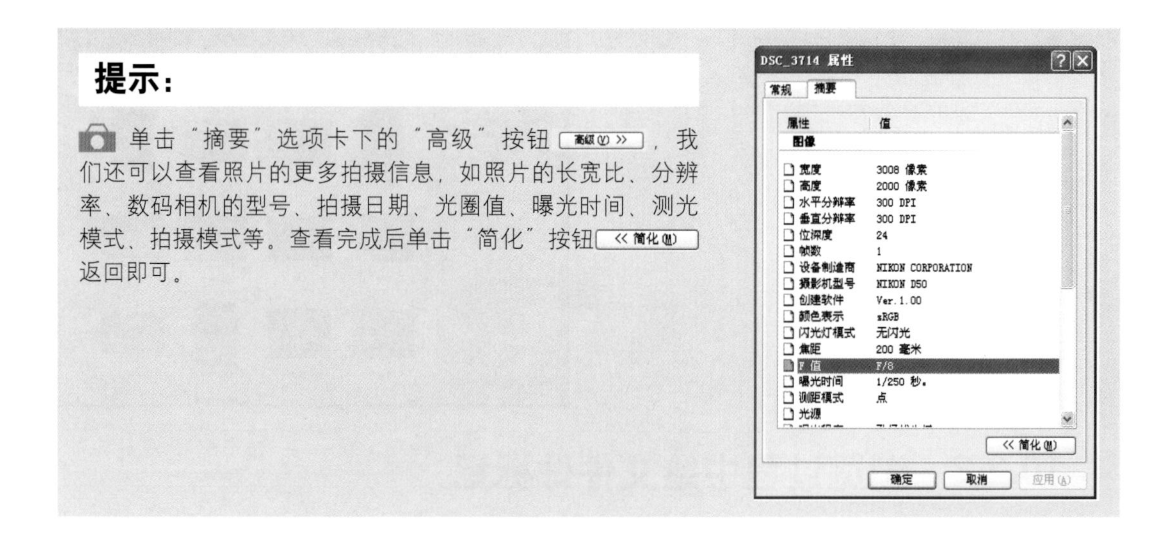

提示：

单击“摘要”选项卡下的“高级”按钮 高级(V) >> ，我们还可以查看照片的更多拍摄信息，如照片的长宽比、分辨率、数码相机的型号、拍摄日期、光圈值、曝光时间、测光模式、拍摄模式等。查看完成后单击“简化”按钮 << 简化(M) 返回即可。

10.2.3　对文件进行归类与划分

当拍摄的照片种类繁多时，对照片的归类和划分就显得比较重要了。针对不同的照片，可根据拍摄地点、拍摄时间、拍摄对象进行划分，统一进行归类，以方便下次浏览与查看。例如下图中，拍摄者根据不同的旅行景点将文件夹进行命名，并把相同类别的图片文件置于同一个文件夹中，当需要查看植物园拍摄的相关照片时，打开该文件夹进行查看即可。

香山植物　　王相岩　　平遥　　平遥城

10.2.4　快速查找指定文件也有技巧

在浏览文件时，如果忘记了需要查找文件所在的位置，则可以使用“搜索”功能进行快速的查找。类似于其他的搜索功能，在计算机中搜索文件时，首先指定需要查找文件的类型、文件名等相关信息，即可搜索与其相关的文件信息，其操作步骤如下。

步骤1　打开“我的电脑”，在工具栏中单击“搜索”按钮，如下图所示。

步骤2　在窗口左侧显示“搜索助理”任务栏，由于是搜索图片文件，因此单击“图片、音乐或视频”选项，如下图所示。

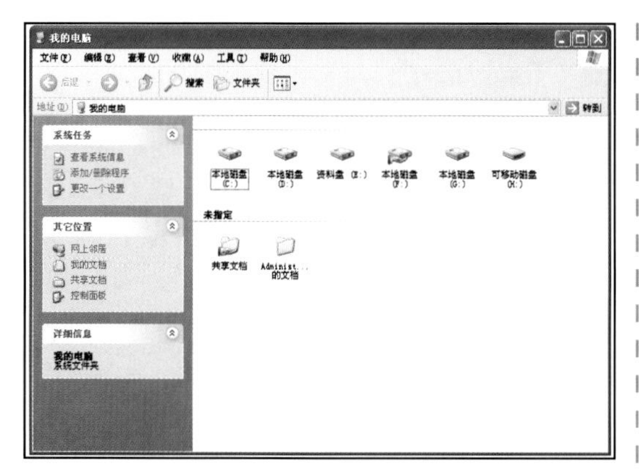

步骤3　进入下一搜索步骤，勾选“图片和相机”选项，在“全部或部分文件名”文本框中输入文件名，如需搜索与花相关的图片，则输入“花”，再单击“搜索”按钮。

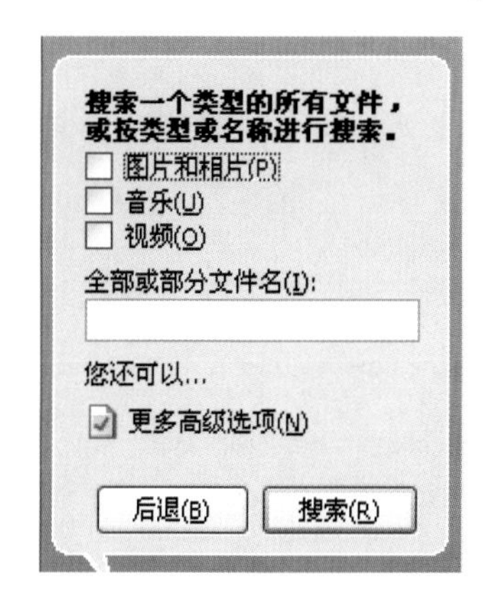

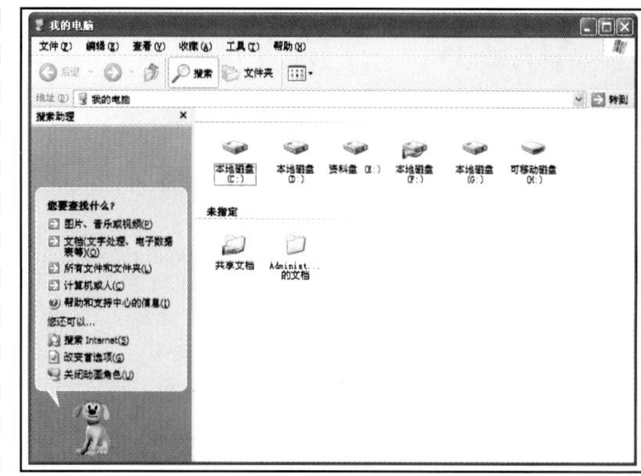

步骤4　计算机自动进行搜索，并在窗口中显示搜索到的相关图片文件，如下图所示。

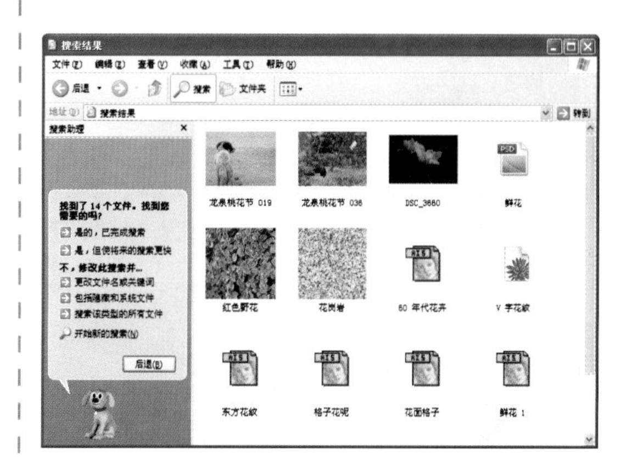

当我们指定的搜索文件含有大量相符的搜索结果时，则可以继续缩小查询范围进行搜索，如指定根据文件的创建时间或者文件大小来限制查询的范围。此时可以应用高级选项功能进行设置，在“搜索助理”窗格中单击“更多高级选项”按钮，在打开的窗格中设置搜索类型、文件名、搜索位置等详细搜索信息，当搜索条件设置得越详细时，搜索结果也越准确。

除上述的搜索技巧外，还可以使用关键字进行查找。在使用该功能进行查找时，首先应针对图片或相片打开“属性”对话框，设置文件的关键字信息。当用户查找文件时，此时输入查找文件包含的关键字进行搜索即可，关键字为查找特定的照片提供了一条便捷的途径，即使很久以前拍摄的照片，也能快速找出。因此用户在处理照片时，可根据需要针对重要的照片进行关键字的设置。

技巧：

在“我的电脑”中，搜索功能为广大的电脑用户提供了快捷键，只需要在该窗口中按下键盘中的F3键，即可快速打开“搜索助理”任务窗格，设置搜索相关选项内容。

10.2.5 对单个或多个照片进行重命名

通常拍摄的照片在相机中会自动以编号的形式进行命名，为了更方便文件的浏览与搜索，用户还可以对照片进行重命名，其操作方法十分简单，下面分别为用户介绍对单个和对多个照片进行重命名的具体方法。

1. 重命名一张照片

在电脑中找到需要重命名的照片文件，在该文件上单击鼠标右键，在展开的列表中单击“重命名”选项，此时文件名呈选中状态，输入需要定义的新名称，再按回车键即可。

输入名称

按回车完成

2. 批量重命名多张照片

与重命名一张照片的操作方法相似，当需要批量重命名多张照片时，首先同时选中多张照片，再输入定义的名称即可，计算机将会根据定义的名称自动进行编号命名，具体操作方法如下：

步骤1 打开需要批量重命名照片所在的文件夹，按下Ctrl+A键选中全部照片，如下图所示。

步骤2 在第一张照片上单击右键执行“重命名”命令，并输入“第一章.jpg”，输入完成后按下回车键，此时可以看到文件按第一章.jpg、第一章(1).jpg、第一章(2).jpg依次重命名，如下图所示。

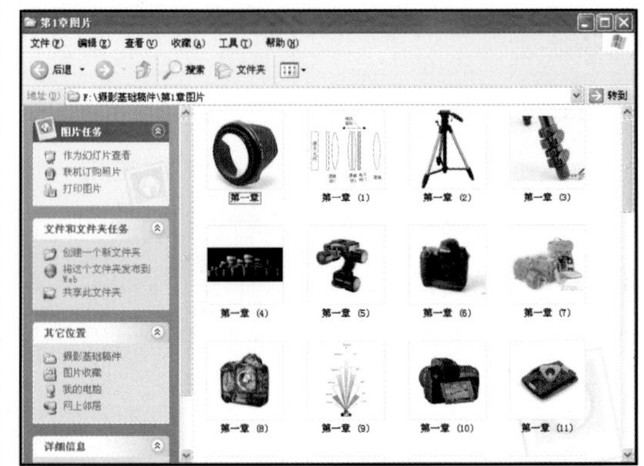

提示：

批量重命名的文件将以“名称+数字”的形式自动编号进行命名，在定义名称时不要忘记将文件后缀名加上，如图片文件通常以.jpg、.tiff、.nef作为后缀。如果你希望第一个文件的名称中也包含数字并从（1）开始，那么先可以建立一个无用的空文件，将其作为首个文件进行重命名，完成后删这个文件即可。

当用户需要对文件进行重命名时，还可以在该文件上直接双击鼠标左键，此时文件名呈选中状态，输入需要定义的名称，再按回车键即可完成快速的重命名。

10.2.6　复制喜欢的照片并删除多个不合格照片

数码相机与胶片机不同，数码相机不用考虑拍摄一张照片后胶片就会相应减少一张的问题，使用数码相机可以无限量地拍摄多张照片，其局限性仅在于存储卡的大小。当拍摄的照片数量越多时，存储卡中所占的容量也越大，将照片复制到电脑时所占的硬盘存储空间也越大，为了节省硬盘存储空间，可以将电脑中一些不满意或质量较差的照片进行删除。

1. 删除单张照片

在计算机中，可以使用多种不同的方法进行文件的删除，当需要删除某一张照片时，在该照片上单击鼠标右键，在展开的列表中单击“删除”选项即可，如右图所示。用户还可以选中照片按键键盘中的Delete键进行快速删除。

2. 删除多张连续照片

首先单击选中要删除的第一张图片，在按下Shift键同时单击需要选定的最后一张图片文件，这样就选中了多张连续的文件，再执行删除操作即可。

3. 删除多张不连续照片

按下Ctrl键单击鼠标选中多张不连续的照片，并按Delete键或执行“删除”命令即可，如下图所示。

4. 在放大预览过程中删除

当缩略图无法清晰显示图片效果时，用户还可以双击需要查看的图片，打开“图片和传真查看器”窗口，查看放大后的清晰图片效果，如右图所示。使用此方法预览照片时，可显示更清晰的画质，帮助用户更好地进行查看。

在使用“图片和传真查看器”时，按键盘中的Delete键可以删除单张正在浏览的图片文件，按键盘中的方向键可切换正在浏览的图片。

提示：

在计算机中复制与粘贴图片时，可以使用快捷键进行操作。剪切的快捷键为Ctrl+X，粘贴的快捷键为Ctrl+V，复制的快捷键为Ctrl+C，键盘上的Delete键也可以删除图片。熟练掌握并灵活运用这些快捷键可大大提高整理照片的效率。

用户还可以使用图片与传真查看器提供的工具栏按钮执行切换、放大、缩小、旋转、删除等操作，上图为图片传真器工具栏。

图　标	名　称	图　标	名　称
	上一个图像		下一个图像
	最合适大小		实际大小
	开始幻灯片		放大
	缩小		顺时针旋转
	逆时针旋转		删除
	打印		复制到
	关闭这个程序并打开图像以便编辑		帮助

在浏览照片时，用户也应该尽量避免将拍摄的照片删除，这是由于许多照片都可以经过图片处理软件进行修正调整，使其呈现更好的效果。

● 只要曝光不是太过的照片都可以保留

曝光过度的照片，通常都被认定为不好的照片，但对于一些轻微曝光过亮的照片，则可以在图片处理软件中得到修正，如左下图中拍摄的荷花，经亮度调整后可呈现右下图的效果，使照片更加完善。

曝光过度

调整后

● 曝光不足的照片也可以成为最好的照片

当照片由于曝光不足而发黑、偏暗时，同样可以经过处理，提升画面的亮度。如右下图拍摄的荷花，调整后的效果明显比调整前的画面效果更好。在处理曝光不足问题时，画面只要不是死黑，通常都可以进行修正。

曝光不足

调整后

● 色彩失真的照片

当拍摄照片时，未注意调整正确的白平衡，例如在阴天下使用日光白平衡进行拍摄，画面呈现蓝调效果如左下图，此时用户可以通过图片处理软件调整其白平衡或画面RGB色调值，使照片看起来更真实，如右下图所示。因此这样的照片同样可以保存下来。

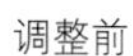

调整前

调整白平衡后

● 构图效果不满意的照片

当拍摄照片的画画背景较为杂乱时，用户可以将照片进行裁剪，去除不需要保留的画面部分，如下面的照片所示，将左下图裁剪后画面只留下主体花朵与陪体绿叶，使画面更简洁干净，呈现右下图所示的效果。因此在处理照片时，还可以灵活应用裁剪功能，提高拍摄照片的整体效果。

剪切前

剪切后

● 焦点模糊的照片没必要保存

但并不是所有的照片都可以经过处理达到满意的效果，如左下图所拍摄的照片，由于对焦不准画面主体呈现模糊效果，此类照片是无法通过调整达到清晰效果的。

● 画面噪点过高无法调整

当拍摄照片感光度过高时，画面将产生大量噪点，画质粗糙，此时照片也是无法通过调整重新显示细腻画质效果的，如右下图所示。

10.3 使用“光影魔术手”修正处理照片

将照片保存到电脑中后，为了使照片达到更好的效果，在浏览照片的过程中便可以对其进行简单的修正处理，本节将为用户介绍如何使用图片处理软件——光影魔术手，对图片进行简单处理。

10.3.1　“光影魔术手”的安装与界面介绍

大多数拍摄者使用数码相机拍摄后，都会使用Photoshop软件进行后期的图片处理，对于初级用户，也许还并不太了解图片处理软件的使用方法。因此可以从初级图片处理软件开始，首先学习简单的处理操作与方法。

计算机系统自带了Windows图片和传真查看器，它可以作为本地电脑上的一般浏览器。在对照片进行放大、缩小、旋转等操作时，可使用该软件进行操作，但其功能过于简单与单调，当用户需要对图片进行色彩调整、剪切处理、添加边框等操作时，则无法满足要求，因此还需要安装一些常用的图片浏览和图像处理软件。

首先从“光影魔术手”的安装开始，带领用户学习如何使用该软件。

1. 安装“光影魔术手”

步骤1　用户首先下载“光影魔术手”安装程序，下载完成后在计算机中找到该安装程序，并双击该程序图标，启动安装步骤向导，如下图所示，单击“下一步”按钮开始安装。

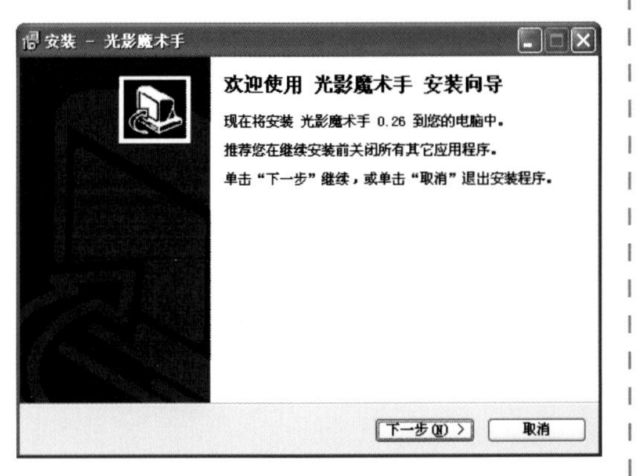

步骤2　进入下一安装向导步骤，阅读许可协议后，单击“我同意”按钮，如下图所示。

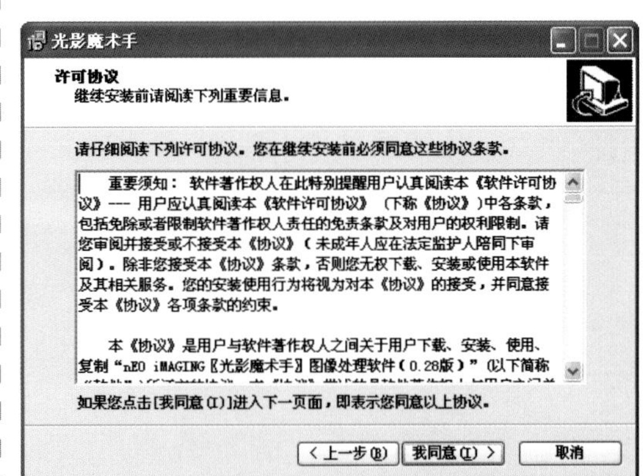

步骤3　要求用户设置“光影魔术手”的安装位置，设置完成后单击“下一步”按钮。

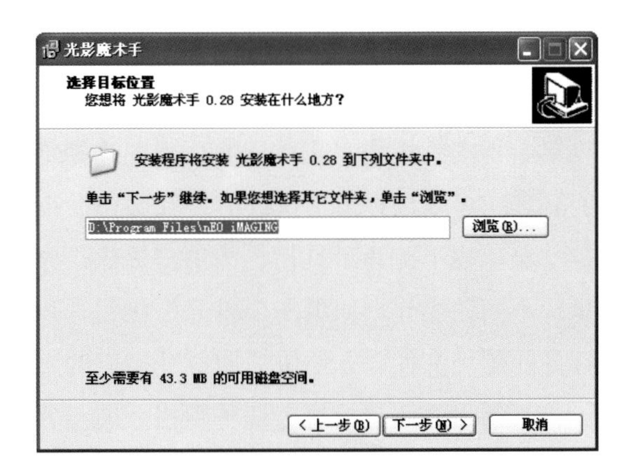

步骤4 要求用户设置程序快捷方式的文件位置，设置完成后单击"下一步"按钮。

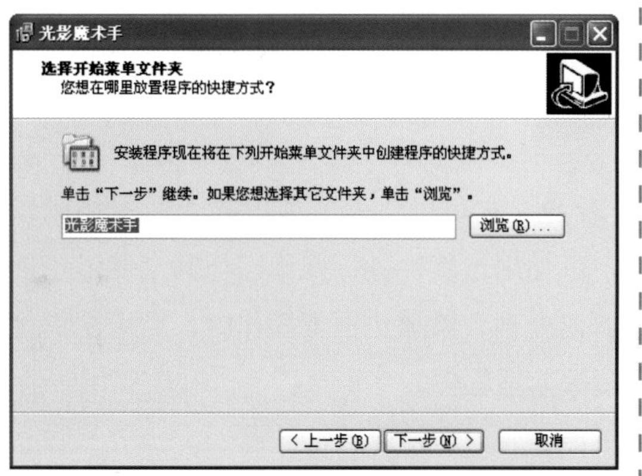

步骤5 提示用户准备安装，单击"安装"按钮即可，如下图所示。

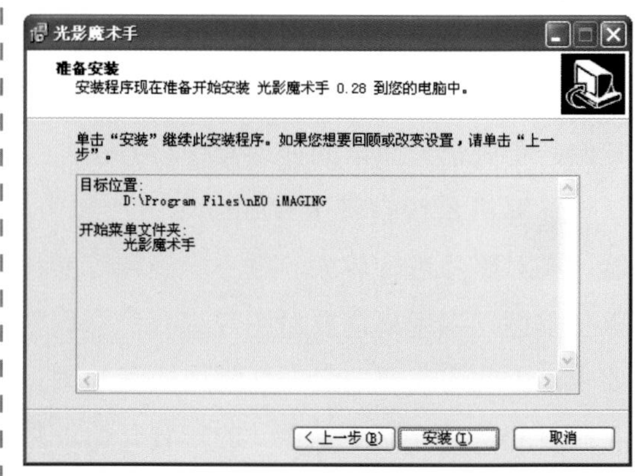

步骤6 计算机开始复制文件，并显示安装进度条，如下图所示。

步骤7 安装完成后，在安装向导对话框中提示用户安装完成，勾选"立即运行光影魔术手"复选框，再单击"完成"按钮，如下图所示。

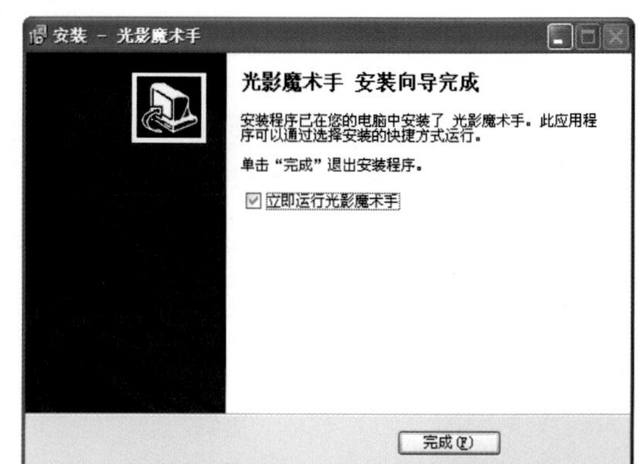

2. "光影魔术手"的布局

完成"光影魔术手"的安装后，用户便可以启动该程序对照片进行处理操作了。如下图所示为"光影魔术手"的操作界面。

"光影魔术手"界面十分简单明了，上方为菜单栏，包括了所有的操作命令，用户可以单击相应的按钮，在展开的列表中选择需要执行的操作，如单击"文件"按钮，在展开的列表中可以选择需要执行的文件操作命令。

菜单栏下侧为工具栏，为用户提供了常用操作命令相应的按钮，单击不同的按钮，可执行不同的操作。如单击"打开"按钮，可弹出"打开"对话框，在该对话框中选择需要打开的图片文件，方便快捷地打开指定的照片。

下侧为"照片信息"任务窗格，通过该窗格用户可以快速查看照片的拍摄参数、直方图等信息内容。

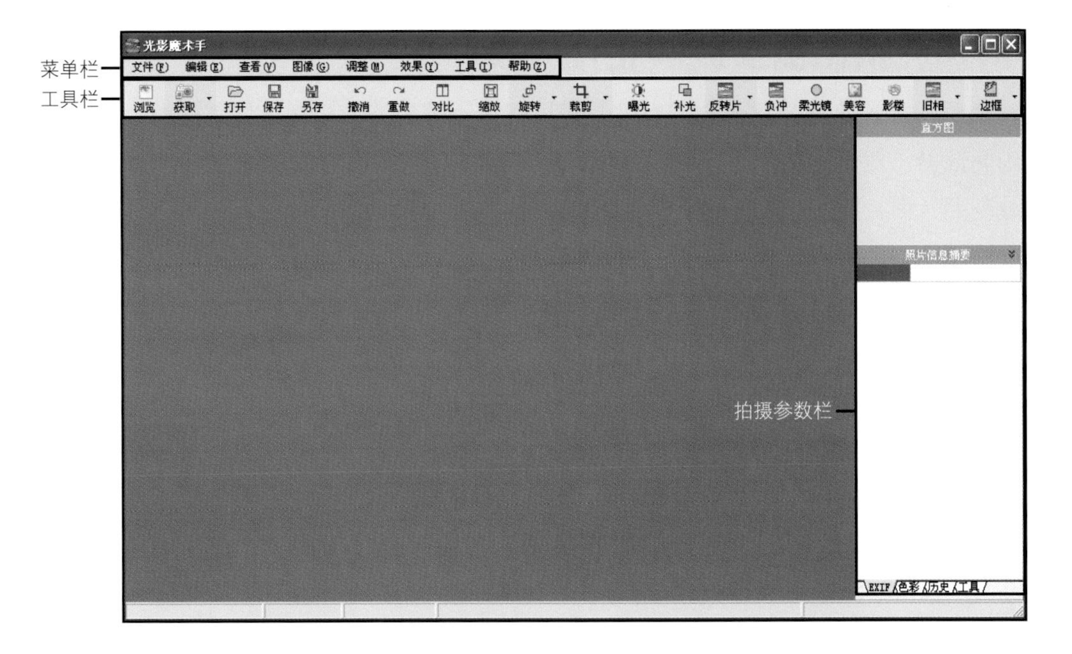

10.3.2　使用“光影魔术手”查看照片拍摄信息

“光影魔术手”的方便之处在于能显示出数码相机拍摄时的相关拍摄信息，如文件大小、图像大小、制造厂商、相机型号、拍摄日期、快门速度、光圈、焦距、ISO、曝光补偿、最大光圈、闪光、白平衡、测光方式、拍摄程序等。

方便用户清楚地将照片进行比较，了解在何种参数下拍摄照片可达到较好的效果，同时帮助用户更好地了解与掌握相机的使用方法，了解各项参数的设置情况。如下图所示，在“光影魔术手”中打开需要查看的照片，在右侧的“照片信息摘要”栏中显示拍摄参数的相关信息。

10.3.3　根据需要旋转相片角度

在拍摄照片时，拍摄者常常会因为手持相机姿势不准确或持机角度倾斜的原因，而造成拍摄画面倾斜，对于这类照片，可以应用“光影魔术手”的旋转功能来进行调整。

在处理照片时，我们常常将照片转动90°，使整个画面呈水平或垂直90°旋转，这类操作十分简单，在图片和传真查看器中便可以进行。当照片呈轻微倾斜效果时，则需要指定旋转角度数值，完成小角度的旋转操作，使照片恢复到正确的效果。

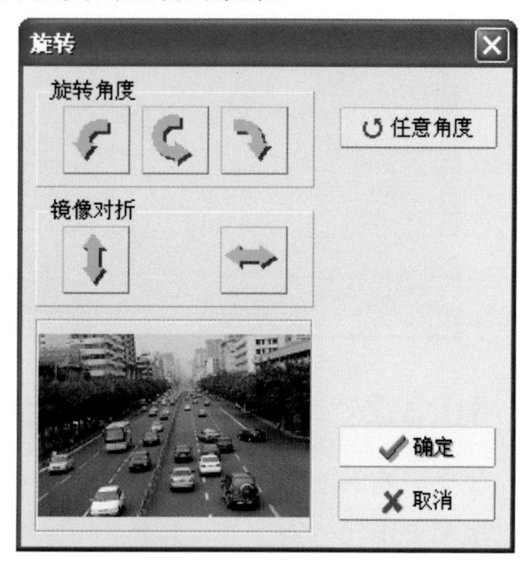

单击“光影魔术手”窗口工具栏中的“旋转”按钮，即可打开如右图所示的对话框，在“旋转角度”和“镜像对折”区域，可以快速调整图片的旋转角度和对折效果，如果需要进行任意角度的旋转，则单击“任意角度”按钮。

自由旋转主要通过调整“旋转角度”参数来控制图片的旋转角度。打开如左下图所示的对话框，对话框中显示了需要调整的照片，在“旋转角度”对话框中设置角度数值，并单击“预览”按钮。

在对话框中查看旋转后的图片效果，如右下图所示。设置完成后单击“确定”按钮，完成图片旋转操作。

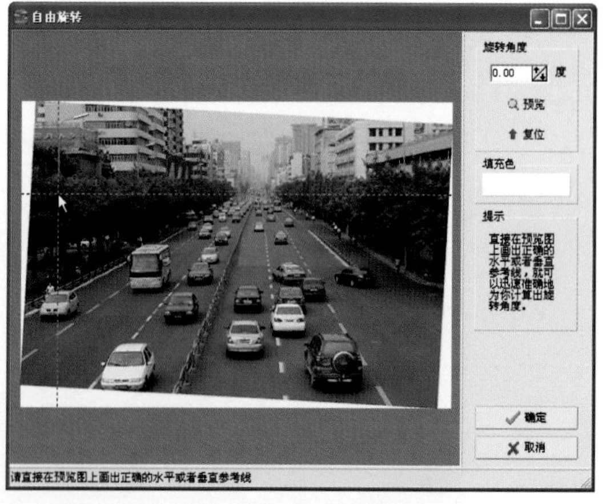

我们看到照片水平线呈倾斜时，通常都无法估计倾斜的准确数值，如果需要设置旋转角度数值，则较为麻烦。此时可以在“自由旋转”对话框中利用虚线坐标轴画出一条辅助线，“光影魔术手”就能自动计算出倾斜度数。例如处理下面的一张照片，左下图中只要把鼠标移动到木桩的附近，单击鼠标左键，然后根据木桩画出一条垂直辅助线，在“旋转角度”区域自动计算出-1.93°，再单击“预览”按钮就可查看修正后的效果。

用户可以设置旋转后空白部分显示的颜色效果，单击“自由旋转”对话框中的“填充色”按钮，打开“颜色”对话框，选择需要使用的基本颜色，再单击“确定”按钮，返回到“自由旋转”对话框中，设置图片的旋转角度，执行旋转操作后，可以看到照片旋转后的空白部分按指定的填充颜色进行填充，如右下图所示。

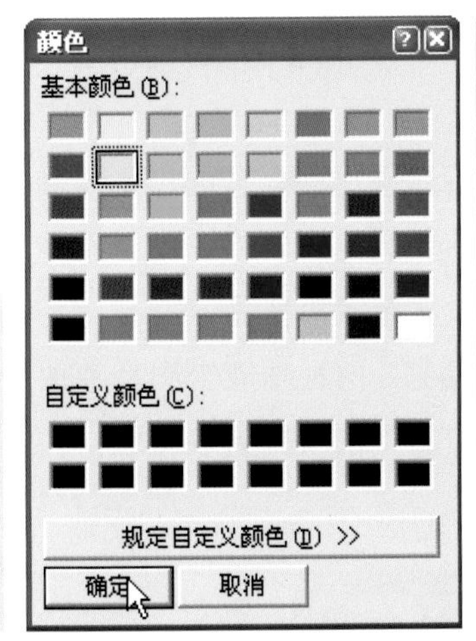

10.3.4　使用变形校正功能调整图片

使用广角镜头拍摄的画面或多或少都会有桶形畸变，使用远摄镜头拍摄的画面则可能会产生一定的枕形畸变，尤其是在使用变焦镜头拍摄后最容易出现这种现象。不过我们可以用光影魔术手中的“变形校正”功能来调整这类变形图片。

打开需要调整的照片，在窗口菜单栏中单击“图像”按钮，在展开的列表中单击“变形校正”选项，弹出左下图所示的对话框，校正的基准线以虚线“十”字显示，并跟随鼠标移动，方便检查变形的程度。校正时可以设置“校正参数”中水平线校正与垂直线校正数值，或拖动图片右侧或下方的滑块进行调整。单击“预览”按钮，可在图片预览区域查看修正后的效果，设置完成后单击“确定”按钮，如右下图所示。

“变形校正”对话框

校正预览

10.3.5 裁剪照片去除多余画面部分

在拍摄时，经常会有无法近距离接触被摄体的情况发生，此时由于离被摄物体太远，常常会产生构图杂乱，被摄主体前、后含有多余陪体的现象，这样会使拍摄出的画面背景杂乱，主体不突出。针对我们取景构图时的失误，可以使用光影魔术手中的裁剪功能，对原图画面进行裁剪来弥补缺憾。

照片的裁剪是摄影创作的二次构图，一些构图不尽如人意的摄影作品，经过裁剪后可得到明显的改善。如画面不完整或残缺、画幅的横竖构图转换、中心不均衡、主题不明确等问题，经过裁剪补救，使其焕发出新的活力，从而成为精品。

光影魔术手提供了“自动裁剪”和“自由裁剪”两种功能来满足各种裁剪需求。

如左下图所示，单击工具栏中“裁剪”按钮右侧的下拉列表按钮，在展开的列表中选择需要裁剪的比例尺寸即可快速完成自动裁剪。

按4：3比例裁剪(1)
按3：2比例裁剪(2)
按16：9比例裁剪(3)
按1寸/1R照片比例裁剪(4)
按2寸/2R照片比例裁剪(5)
按5寸/3R照片比例裁剪(6)
按6寸/4R照片比例裁剪(7)
按身份证照片比例裁剪(B)
按护照照片比例裁剪(C)

当用户需要使用自由裁剪功能时，在工具栏中单击“裁剪”按钮，如左下图所示，然后在打开的对话框中单击选中“自由裁剪”单选按钮，并在图片预览区域拖动鼠标绘制需要裁剪的区域，选中部位呈虚框显示，绘制完成后用户还可以拖动鼠标调整区域的大小和位置，设置完成后单击“确定”按钮，即可得到如右下图所示的裁剪画面效果。

提示：

裁剪需要用户具备一定的构图基础和审美感。一张照片能有很多种裁剪方式，具体哪种裁剪效果最好，需要根据不同的构图方法及照片拍摄的审美感来进行尝试。对于裁剪效果不满意的照片，可以单击光影魔术手窗口工具栏中的“撤消”按钮取消已执行的裁剪操作。裁剪也有一定的缺点，因为是通过损失画面的面积大小、像素来改善照片的画面效果，当画面面积缩小时、像素也降低，必然导致图片质量也有所下降。

裁剪的方式有多种，我们可以依据被摄主体对象裁剪，也可以按照固定的长宽比来裁剪，下面分别举例说明这两种不同的裁剪方法。

1. 按照主体对象裁剪

在剪切照片时，可只保留照片主体对象，去除画面的其他元素。这种裁剪方法通常只保留画面中的一个局部，即放大局部裁剪。放大局部裁剪法的主要目的是去除画面中杂乱而无关紧要的部分，经过重新构图来突出照片中最精彩和最重要的部分，加以强调和重点展示，从而使图片主体更加突出、主题更加鲜明。

下图是荷花的全景，大片荷花中，主体不明显，缺少视觉中心点，整张照片显得很平淡。使用裁剪功能，把一朵开得正娇艳的荷花置于画面2/3处，成为画面的趣味中心，如右图所示。经过裁剪后的照片，画面更简洁，主体更明确。

提示：

在裁剪前，应将原照片进行备份。因为裁剪后如果直接使用"保存"功能，那么裁剪后的文件就覆盖了原始文件，照片相应地减少，用户对照片再重新创作的空间也减小了。

2. 按照固定长宽比裁剪

通常我们都习惯将拍摄的数码照片保存到电脑上，或是到冲印店洗印出来装订成相册以便观赏。不管是打印还是冲印照片，对照片的输出尺寸都是有要求的，因此对于需要冲印的照片，在裁剪时不能一味地追求好看，而任意进行裁剪。

大多数数码相机拍出来的照片的长宽比为4:3，例如图像大小会根据像素的不同而有所不同，如800像素×600像素、1280像素×960像素、2560像素×1920像素等。用于打印或冲印的标准输出照片尺寸通常为4:6的比例。如果直接把数码相机拍出来的照片拿到冲印店，冲印出来的照片会因尺寸不符而造成与原图不同。因此在送去冲印店前，自己可先按4:6尺寸比例裁剪好照片，其具体的操作方法如下。

打开需要裁剪的照片，单击工具栏中的"裁剪"按钮，打开"裁剪"对话框，单击选中"按宽高比例裁剪"单选按钮，并设置宽为6，高为4，同时根据需要在照片中拖动鼠标调整虚线框的大小和位置，设置满意的裁剪效果，并单击"确定"按钮即可按指定的宽高比例裁剪图片，如左下图所示。

如果需要按固定边长裁剪，则单击选中"固定边长裁剪"单选按钮，并设置宽度和高度数值，再执行裁剪操作即可，如右下图所示。

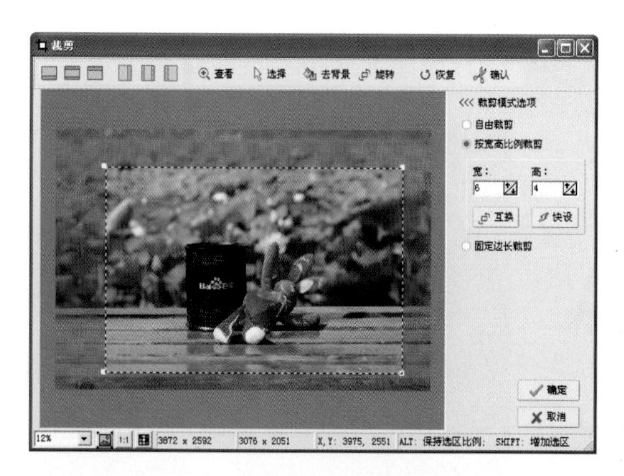

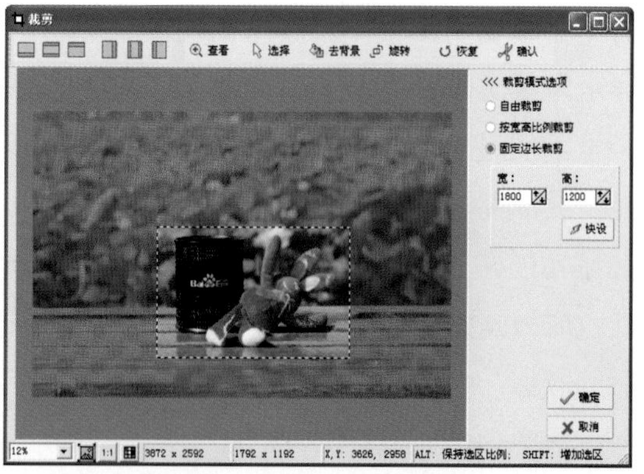

在裁剪时，用户还需要注意画面的构图方法，如左下图为拍摄的4:3比例的照片，首先应将其裁剪为6:4比例的照片，以便用户的洗印。裁剪时，为了使画面更具美感，于是把小鸟置于画面9宫格处，裁剪后的画面看起来更协调，如右下图所示。

提示：

在裁剪操作时，用户可以根据需要选择合适的裁剪方法，需要注意的是，固定边长裁剪与按固定宽高比例裁剪有所不同。在使用固定边长裁剪时，裁剪的框架不能变动，是一个宽高长固定的画框，用户只能移动其框架位置。按固定宽高比例裁剪时，可以根据需要调整框架大小，但其宽高比例始终保持不变。

裁剪前

裁剪后

数码照片像素越高，画质越清晰，这是由于数码相机的像素与照片的输出尺寸密切相关。高像素的文件在局部裁切后，仍然可以满足一些印刷、冲洗尺寸要求，而低像素照片则很难输出高品质的大尺寸照片了。像素越高，冲印的照片尺寸越小，颗粒度越小；反之，如果像素较低，冲印的照片尺寸越大，照片的颗粒感也越大，因此高像素图像比低像素图像更具优势。

左下图是数码相机拍摄的原图，照片的尺寸比例是4:3，图像大小是3624像素×2448像素，画面颗粒小，质感好。

右下图是裁剪后的图片，图像的尺寸比例是3:2，图像经过裁剪后的大小是1335像素×890像素，图像大小明显变小了，但图片的颗粒感也更加明显了。

因此，在拍摄照片前，我们应该尽可能地把数码相机的尺寸、分辨率、像素值设置到较高标准，以便后期处理照片时更加方便。

在冲印照片前，应根据需要冲印照片的规格尺寸进行裁剪或设置，以达到最好的洗印效果。如下面的表格为冲印照片规格及其相应的像素要求，根据冲印分辨率的判定标准，调整合适的尺寸大小。数码冲印设备对于冲印的数码照片也会有一个最大的DPI值，当输入的图片像素大于这个最高像素值时，对于冲印出来的数码照片清晰度并无更多的提升，因此选择最合适的尺寸，可方便用户在拍摄前对拍摄图片的尺寸进行设置。

照片规格（英寸）	差（像素）	好（像素）	优（像素）	各尺寸最大有效像素（像素）
5 英寸：5×3.5	600×420以下	600×420~1200×840	1200×840以上	1524×1074
6 英寸：6×4	720×480以下	720×480~1440×960	1440×960以上	1818×1228
7 英寸：7×5	840×600以下	840×600~1680×1200	1680×1200以上	2138×1536
8 英寸：8×6	960×720以下	960×720~1920×1440	1920×1440以上	2434×1830
10英寸：10×8	1200×960以下	1200×960~2400×1920	2400×1920以上	3036×2434
12英寸：12×10	1440×1200以下	1440×1200~2880×2400	2880×2400以上	3638×3036
14英寸：14×10	1680×1200以下	1680×1200~3360×2400	3360×2400以上	4240×3036

10.3.6 简单、快速地调节相片的影调和色彩

目前数码照片已经逐步取代传统胶片照片，成为大众生活影像的主要载体。数码照片最大的优势就是可以在电脑中进行后期处理，使非专业的数码照片变成专业的摄影作品。本节为大家介绍如何使用光影魔术手快速地调节相片的影调、色彩等画面效果。

1. 自动白平衡

拍摄者在拍摄时，常常会由于天气、拍摄环境的原因，导致拍摄画面的白平衡失调。当白平衡设置错误时，照片会产生严重的偏色情况，从而导致画面不真实。针对这类严重偏色的照片，光影魔术手可以智能地评估偏色程度，并且自动校正，有限地追补一些已经丢失的细节。

如右图拍摄的画面，由于白平衡设置不正确，画面显示了严重的偏色效果，天空呈现紫色。

在“光影魔术手”中打开该照片，单击菜单栏中的“调整”按钮，在展开的列表中单击“严重白平衡错误校正”选项，如左下图所示。

使用该功能可快速调整照片白平衡效果，但常常会造成曝光过度的效果，如右下图所示，应用严重白平衡错误校正功能调整后，画面中天空显示正常的蓝色，但却由于曝光过度而造成亮部过亮的效果。因此在选择使用该功能时，应根据实际情况执行操作。

对于严重偏色的照片，用户可使用“严重白平衡错误校正”功能进行调整，如果效果仍不满意，可以再使用“白平衡一指键”功能进行进一步的处理。

“白平衡一指键”采用的校正原理与相机内部的白平衡功能原理相同。用户首先应从画面中找到“无色物体”，借助该物体来还原真实的色彩。例如，牙齿、头发，白墙、灰树皮等都可指定为无色物体，再由软件进一步调整红绿蓝通道的参数，以获得准确的色彩还原。

在使用“白平衡一指键”功能时，首先打开需要调整的照片，在菜单栏中单击“调整”按钮，在展开的列表中单击“白平衡一指键”选项，即可打开如下图所示的对话框。将鼠标放置在原图黑色区域，并单击鼠标，此时照片进行自动调整，调整完成后观看校正效果，得到准确的色彩还原，用户可以使用此方法指定不同的区域作为白平衡还原对象，直到显示正确满意的效果为止。

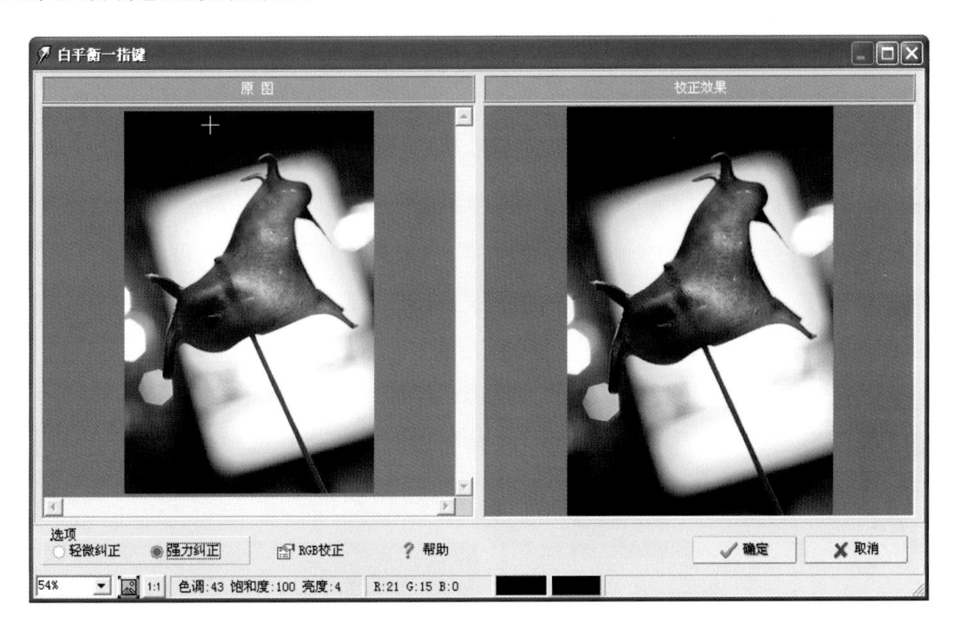

提示：

在复杂的光线环境中，特别是冷暖光线交汇之处，不存在绝对准确的白平衡。虽然所有色温偏差都可以后期校正，但是，较大的校正是有色彩溢出失真的。因此，拍摄时的正确曝光、正确设置白平衡，对画质的影响是十分重要的。

2. 自动曝光

曝光不足的照片发黑发灰，没有对比度、层次和暗部细节，往往由天气、时间、光线、技术的原因造成。使用光影魔术手可以快速地进行后期纠正。

首先打开需要调整的照片，如左下图所示，在窗口工具栏中单击“曝光”按钮，软件自动根据照片曝光情况进行调整，调整后的照片效果如右下图所示。可以看到处理前的照片发灰，明暗对比不强烈，处理后的照片色彩艳丽，明暗对比强烈，主体与背景层次分明，画面更通透。

提示：

大多数的数码单反相机拍摄出来的照片会有发灰、色彩不艳丽的现象。此时可以应用光影魔术手中的"自动曝光"功能，对照片进行修正处理，改善这些缺陷。

3. 数码补光

当拍摄的照片部分区域曝光不足、亮度不够时，可以使用光影魔术手有针对性地进行补光。例如拍摄人像，照片曝光正常，但一些面部细节部分过暗，此时则可以利用"数码补光"功能，使暗部的亮度有所提高，同时亮部的画质不受影响，明暗之间的过渡更加自然。

用户可以使用自动补光功能进行快速补光调整，打开需要调整的照片，如左下图所示，在窗口工具栏中单击"补光"按钮，软件自动对照片进行调整，调整后的照片效果如右下图所示，可以看到照片中暗部细节得到了更好的展示。

除使用自动补光功能外，用户还可以打开"补光"对话框，对补光参数进行更为详尽的设置。在菜单栏中单击"效果"按钮，在展开的列表中单击"数码补光"选项，即可打开如右下图所示的"补光"对话框，在该对话框中有"范围选择"、"补光亮度"和"强力追补"相关参数可供调整，下面分别对不同的参数功能进行介绍。

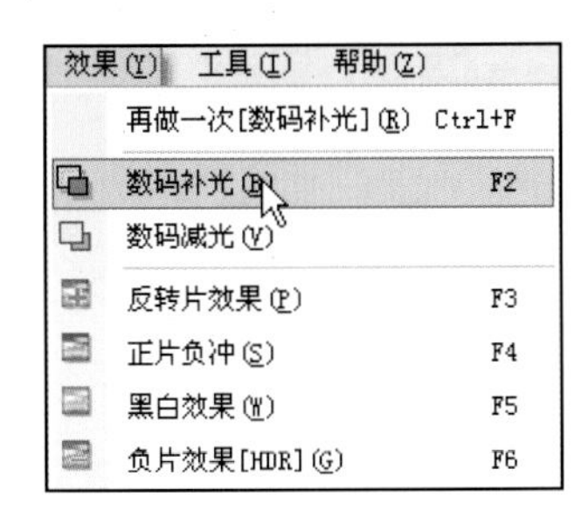

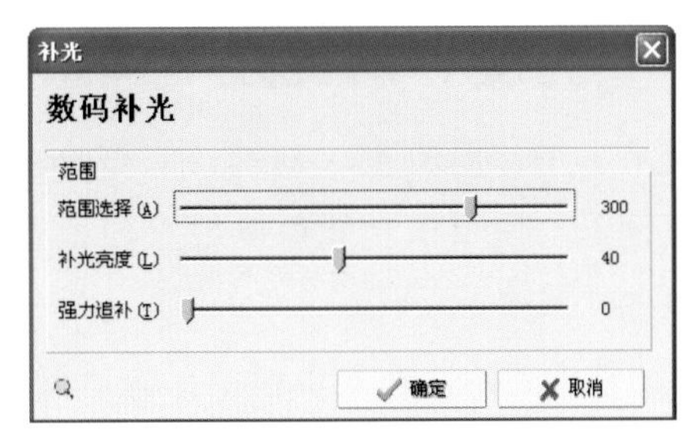

- 范围选择：用于确定需要补光的区域范围。数值越大，范围越大，最大即对全图进行补光；数值越小，范围越小。有时候只需要对暗的地方进行补光，亮的地方不必补光，因此需要控制好这个参数。
- 补光亮度：设置好补光范围以后，调整补光亮度参数，设置需要增加的亮度数值。
- 强力追补：当照片拍摄不成功，暗的地方很暗时，即使提高补光，亮度效果也不好，这时可调节强力追补参数。数值越大，补光的强度越大。

4. 数码减光

在强烈的阳光下或者有大片反光区域的地方，拍摄的照片往往会发生曝光过度的现象。当照片画面亮度过高，缺少亮部细节和层次时，可通过“数码减光”进行调整。

与前面的操作方法相似，打开需要调整的照片，单击工具栏中的“效果”按钮，在展开的列表中单击“数码减光”选项，即可打开如右下图所示的“减光”对话框。

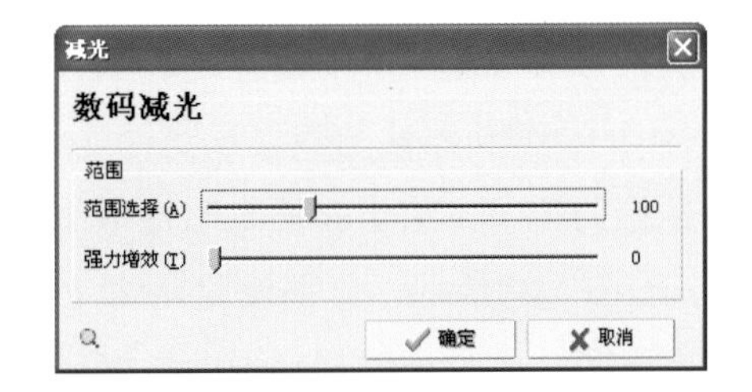

“减光”对话框中包含“范围选择”和“强力增效”两个参数，其具体的设置功能如下。

- 范围选择：用于确定需要减光的区域，数值越大，减光的范围越大，数值越小，减光的范围越小。
- 强力增效：确定范围以后，设置强力增效参数来增加减光的效果。

左下图是在强光下拍摄，冰块曝光多度，缺少层次感和细节部分，经过数码减光处理后显示右下图的效果，可以看到冰柱的透明效果且不缺少细节的表现力度。

10.3.7 亮度、对比度、Gamma值的调整

在光影魔术手中，将亮度、对比度、Gamma值放到同一个设置功能中，大大方便了用户的处理设置，使用该功能可以很直观地查看影像处理效果，并对亮度、对比度、Gamma值分别进行调整。

打开需要调整的照片，在菜单栏中单击“调整”按钮，在展开的列表中单击“亮度 / 对比度 / Gamma”选项，打开如右下图所示的“亮度 · 对比度 · Gamma”对话框，其具体参数介绍如下。

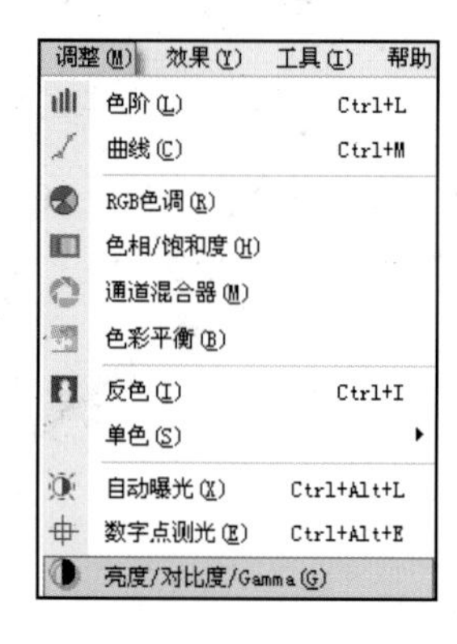

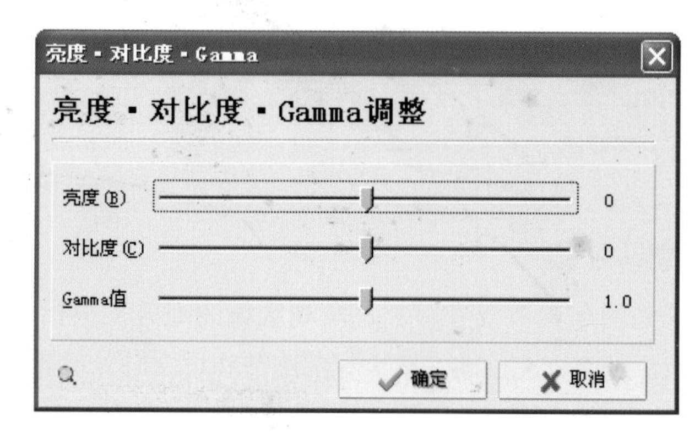

- 亮度：用于调整照片的整体明暗度效果。
- 对比度：用于调整照片中明暗对比度效果。
- Gamma：用于调整照片的灰度及暗部的细节效果，使照片色彩更丰富。

如左下图拍摄的花朵，由于画面过暗造成细节表现不清晰，整体画面偏暗。打开“亮度 · 对比度 · Gamma”对话框，分别设置亮度为30，对比度50，Gamma默认为1.0，调整后的照片效果如右下图，此时可以看到画面亮度明显提高，色彩对比效果更加强烈。

提示：

一般情况下，Gamma矫正的值大于1时，图像的高光部分被压缩而暗调部分被扩展；Gamma矫正的值小于1时，图像的高光部分被扩展而暗调部分被压缩，Gamma矫正一般用于平滑地扩展暗调的细节。